2015年度湖北省自然科学基金项目"面向制造的无线传感网多传感信息解耦与动态预测补偿方法研究"（2015CFC802）

2018年度"机电汽车"湖北省优势特色学科群开放基金项目"WMSN红外图像彩色化与目标融合方法研究"（XKQ2018080）

湖北文理学院博士科研基金资助项目"物联网感知层多传感协同测量与快速调度研究"（2013B005）

物联网关键技术及其应用研究

周岳斌　著

www.waterpub.com.cn

·北京·

内　容　提　要

近几年,物联网从诞生到迅速发展,受到了产业界及学术界的广泛重视,并上升到国家战略性新兴产业的高度。

本书对物联网中的关键技术及其在众多生产与生活领域中的应用进行了研究,主要内容涵盖了 RFID 技术、智能传感器与无线传感器网络技术、物联网通信与传输技术等。

本书结构合理,条理清晰,内容丰富新颖,可供从事物联网相关工作的研究人员、工程技术人员的参考使用。

图书在版编目(CIP)数据

物联网关键技术及其应用研究/周岳斌著. —北京:
中国水利水电出版社,2019.1
ISBN 978-7-5170-7338-3

Ⅰ.①物…　Ⅱ.①周…　Ⅲ.①互联网络－应用－研究
②智能技术－应用－研究　Ⅳ.①TP393.4②TP18

中国版本图书馆 CIP 数据核字(2019)第 009818 号

书　　名	物联网关键技术及其应用研究 WULIANWANG GUANJIAN JISHU JI QI YINGYONG YANJIU
作　　者	周岳斌　著
出版发行	中国水利水电出版社 (北京市海淀区玉渊潭南路 1 号 D 座 100038) 网址:www. waterpub. com. cn E-mail:sales@waterpub. com. cn 电话:(010)68367658(营销中心)
经　　售	北京科水图书销售中心(零售) 电话:(010)88383994、63202643、68545874 全国各地新华书店和相关出版物销售网点
排　　版	北京亚吉飞数码科技有限公司
印　　刷	三河市元兴印务有限公司
规　　格	170mm×240mm　16 开本　13.5 印张　242 千字
版　　次	2019 年 4 月第 1 版　2019 年 4 月第 1 次印刷
印　　数	0001—2000 册
定　　价	65.00 元

前　言

　　对于物联网目前最普遍的解释是,将感应器装备到电网、铁路、桥梁、隧道、公路、建筑、供水系统等各种物体中并组成物联网,然后将物联网与互联网结合起来,实现了人与物的整合。

　　在这个整合系统中,存在着能力超级强大的中心计算机群,它能够将整合网络内的所有人员、机器、设备以及基础设施进行实时的管控,从此人类可以更加精细和动态地管理生产和生活,实现智慧管理,从而提高了资源利用率和生活水平,改善了人与自然的关系。

　　物联网让生活中的任何物品都可以变得"有感觉、有思想",因此物联网技术是未来信息技术浪潮和新经济的引擎。我国已经将物联网制定为国家发展战略,并且已经明确了未来的发展方向和重点领域,一些财政措施、金融政策也正在逐步落实。

　　本书共分7章,第1章为物联网的基础知识,从物联网的发展背景出发对物联网做了定义,对物联网的未来发展做了展望。物联网在实现物与物、人与人之间的信息传递与控制过程中,涉及的关键技术主要包括RFID技术、传感器技术、物联网通信与传输技术、物联网数据处理技术,这些内容分别在书中的第2章至第5章,物联网的关键技术是支撑整个物联网运转的核心,也是本书的重点内容。第6章为物联网的信息安全技术,物联网的安全体系结构按功能划分,从上至下依次有三个层次,即感知层、传输层和应用层。第7章为物联网的应用部分,分别从智能化住宅小区、智能家居、智能物流配送、智能交通、农业、环保以及其他领域的应用做了翔实说明。作者对物联网的发展前景十分看好,书中内容结构也比较合理,总体来说,《物联网关键技术及其应用研究》还是比较符合物联网的发展脉络的。

　　本书在写作过程中,得到了很多同行的帮助,在这里表示感谢;同时书中还引入了一些资料和文献的观点,在此对本书的参考文献的作者表示衷心的感谢。

　　由于作者水平有限,写作过程中难免有疏漏和不足之处,望广大读者见谅,还希望你们能够提出宝贵的意见,谢谢你们!

作　者

2018 年 6 月

目　录

第1章 初识物联网

物联网就是通过智能感知、识别技术与普适计算、泛在网络的融合应用，将人与物、物与物连接起来的一种新的技术综合，被称为是继计算机、互联网和移动通信技术之后世界信息产业最新的革命性发展，已成为当前世界新一轮经济和科技发展的战略制高点之一。作为一个新兴的信息技术领域，物联网已被美国、欧盟、日本、韩国等国家或组织所关注，我国也已将其列为新兴产业规划五大重要领域之一。物联网已经引起了政府、生产厂家、商家、科研机构，甚至普通老百姓的共同关注。

1.1 物联网的发展背景

物联网的实践最早可以追溯到1990年施乐公司的网络可乐贩售机——Networked Coke Machine。

1991年美国麻省理工学院（MIT）的凯文·艾什顿（Kevin Ash-ton）教授首次提出物联网的概念。

1995年比尔·盖茨在《未来之路》一书中提及物联网，受限于当时无线网络、硬件及传感设备的发展，并未引起广泛重视。

1999年美国麻省理工学院建立了"自动识别中心（Auto-ID）"，提出"万物皆可通过网络互联"，阐明了物联网的基本含义。1999年中国科学院启动传感网项目，开始了中国物联网的研究，以便利用传感器组成的网络采集真实环境中的物体信息。

2003年美国《技术评论》提出传感网络技术将是未来改变人们生活的十大技术之首。

2005年在突尼斯举行的信息社会世界峰会（WSIS）上，国际电信联盟（ITU）发布《ITU互联网报告2005：物联网》，正式提出了"物联网"的概念，全面而又透彻地分析了物联网的可用技术、市场机会、潜在挑战和美好前景等内容。

2009年欧盟执委会发表了《欧洲物联网行动计划》，描绘了物联网技术的应用前景，提出了加强对物联网的管理，完善隐私和个人数据保护、提高物联网的可信度、推广标准化、建立开放式的创新环境、促进物联网的发展等建议。

2009 年 1 月，IBM 首席执行官彭明盛在美国总统奥巴马参加的美国工商界领袖"圆桌会议"上，提出了"智慧地球"的概念。"智慧地球"就是把感应器嵌入和装备到电网、铁路、桥梁、隧道、公路、建筑、供水系统、大坝、油气管道等各种物体中，并且被普遍连接，形成所谓"物联网"，并通过超级计算机和云计算等与现有的互联网整合起来，实现人类社会与物理系统的整合。

随着全球一体化、工业自动化和信息化进程的不断深入，物联网技术和应用已经悄然诞生，并受到了人们的广泛关注。物联网被认为是继计算机、互联网之后，世界信息产业的第三次浪潮。世界上所有的物体，从轮胎到牙刷、从房屋到纸巾都可以通过互联网主动进行交换，如图 1-1 所示。

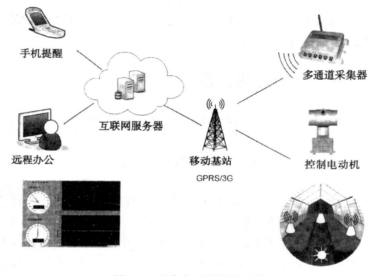

图 1-1　现代农业物联网应用

1.2　物联网的定义及特点

1.2.1　物联网的定义

物联网(Internet of Things)是指通过传感器、射频识别技术、全球定位系统等技术，实时采集任何需要监控、连接、互动的物体或过程，通过网络接入实现物与物、物与人的泛在链接，实现对物品和过程的智能化感知、识别和管理(图 1-2)。

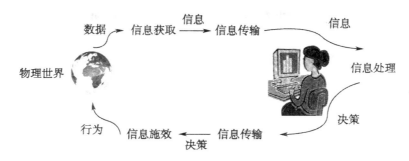

图 1-2　物物相连

物联网中的"物"能够被纳入"物联网"的范围是因为它们具有接收信息的接收器；具有数据传输通路；有的物体需要有一定的存储功能或者相应的操作系统；部分专用物联网中的物体有专门的应用程序；可以发送接收数据；传输数据时遵循物联网的通信协议；物体接入网络中需要具有世界网络中可被识别的唯一编号。

一个新的维度已经建立，如图 1-3 所示，在任意时间、任意地点、任意人都可以与任意物体建立连接。

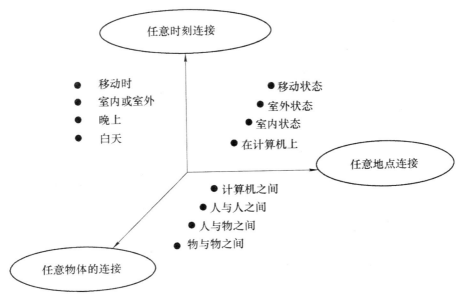

图 1-3　物联网的新维度

1.2.2　物联网技术特征

物联网具有全面感知、可靠传输、智能处理三大特点,如图 1-4 所示。

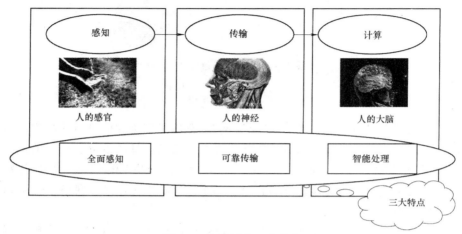

图 1-4　物联网的三大特点

物联网要将大量物体接入网络并进行通信活动,对各物体的全面感知是十分重要的。全面感知是指物联网随时随地获取物体的信息。要获取物体所处环境的温度、湿度、位置、运动速度等信息,就需要物联网能够全面感知物体的各种需要考虑的状态。全面感知就像人身体系统中的感觉器官,眼睛收集各种图像信息,耳朵收集各种音频信息,皮肤感觉外界温度等。所有器官共同工作,才能够对人所处的环境条件进行准确的感知。物联网中各种不同的传感器如同人体的各种器官,对外界环境进行感知。物联网通过 RFID、传感器、二维码等感知设备对物体各种信息进行感知获取。

可靠传输对整个网络的高效正确运行起到了很重要的作用,是物联网的一项重要特征。可靠传输是指物联网通过对无线网络与互联网的融合,将物体的信息实时准确地传递给用户。获取信息是为了对信息进行分析处理从而进行相应的操作控制,将获取的信息可靠地传输给信息处理方。可靠传输在人体系统中相当于神经系统,把各器官收集到的各种不同信息进行传输,传输到大脑中方便人脑做出正确的指示。同样也将大脑做出的指示传递给各个部位进行相应的改变和动作。

在物联网系统中,智能处理部分将收集来的数据进行处理运算,然后做出相应的决策,来指导系统进行相应的改变,它是物联网应用实施的核心。智能处理指利用各种人工智能、云计算等技术对海量的数据和信息进行分析和处理,对物体实施智能化监测与控制。智能处理相当于人的大脑,根据神经系统传递来的各种信号做出决策,指导相应器官进行活动。

1.3 物联网的基本架构

目前在业界物联网体系架构大致被公认为有 3 个层次,底层是用来感知数据的感知层,第二层是数据传输的网络层,最上面则是应用层,如图 1-5 所示。

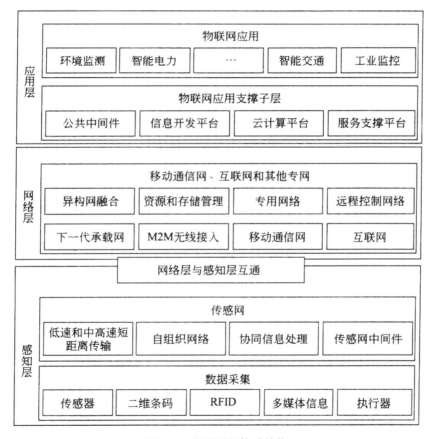

图 1-5 物联网的体系结构

1.3.1 感知层

感知层在物联网中,如同人的感觉器官对人体系统的作用,用来感知外界环境的温度、湿度、压强、光照、气压、受力情况等信息,通过采集这些信息来识别物体。作为物联网应用和发展的基础,感知层涉及的主要技术包括RFID 技术、传感和控制技术、短距离无线通信技术以及对应的 RFID 天线阅读器研究、传感器材料技术、短距离无线通信协议、芯片开发和智能传感器节点等(图 1-6)。

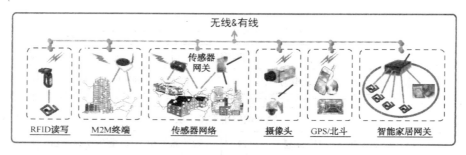

图 1-6　物联网感知层技术

作为一种比较廉价实用的技术,一维条码和二维条码在今后一段时间还会在各个行业中得到一定应用。然而,条形码表示的信息是有限的,而且在使用过程中需要用扫描器以一定的方向近距离地进行扫描,这对于未来物联网中动态、快读、大数据量以及有一定距离要求的数据采集、自动身份识别等有很大的限制,因此基于无线技术的射频标签发挥了越来越重要的作用。

传感器作为一种有效的数据采集设备,在物联网感知层中扮演了重要角色。现在传感器的种类不断增多,出现了智能化传感器、小型化传感器、多功能传感器等新技术传感器。基于传感器而建的传感器网络也是目前物联网发展的一个大方向。

1.3.2 网络层

物联网真正的价值在于网,而不在于物。感知只是第一步,但是感知的信息,如果没有一个庞大的网络体系,不能进行管理和整合,那这个网络就没有意义。

网络层的主要功能是利用现有的网络通信技术,实现感知数据和控制信息的快速、可靠、安全地双向传递,包括互联网、移动通信网、卫星通信网、广电网、行业专网以及形成的融合网络等。各种不同类型的网络适用于不同的环境,共同提供便捷的网络接入,是实现物物互联的重要基础设施。

1.3.3　应用层

物联网最终目的是要把感知和传输来的信息更好地利用,甚至有学者认为,物联网本身就是一种应用,可见应用在物联网中的地位。

应用层包括物联网应用支撑子层和物联网应用两部分。其中,物联网应用支撑子层对感知层通过传输层传输的信息进行动态汇集、存储、分解、合并、数据分析、数据挖掘等智能处理,并为上面的物联网应用提供物理世界所对应的动态呈现等。物联网具有广泛的行业结合的特点,根据某一种具体的行业应用,依赖感知层和网络层共同完成应用层所需要的具体服务。

1.4　物联网产业发展

1.4.1　日本的"U-Japan"计划

日本的"U-Japan"计划通过发展"无所不在的网络"(U 网络)技术催生新一代信息科技革命。日本"U-Japan"战略的理念是以人为本,实现所有人与人、物与物、人与物之间的连接,即所谓 4U(Ubiquitous:无所不在,Universal:普及,User-oriented:用户导向,Unique:独特)。

2009 年 8 月,日本又将"U-Japan"升级为"I-Japan"战略,提出"智慧泛在"构想,将传感网列为其国家重点战略之一,致力于构建一个个性化的物联网智能服务体系,充分调动日本电子信息企业积极性,确保日本在信息时代的国家竞争力始终位于全球第一阵营。

1.4.2　韩国的"U-Korea"战略

韩国成立了国家信息化指挥、决策和监督机构——"信息化战略会议"及"信息化促进委员会",为"U-Korea"信息化建设保驾护航。韩国信息和通信部则具体落实并负责推动"U-Korea"项目的建设,重点支持"无所不在的网络"相关的技术研发及科技应用,希望通过"U-Korea"计划的实施带动国家信息产业的整体发展。

1.4.3　美国"智慧的地球"

2008 年,IBM 提出了"智慧地球(Smarter Planet)"(图 1-7)发展战略。

2009 年 IBM 首席执行官彭明盛在美国总统奥巴马与美国工商业领袖"圆桌会议"上,首次提出"智慧地球"这一概念,建议新政府投资新一代的智慧型基础设施。

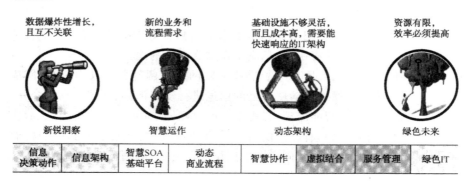

图 1-7 "智慧地球"

"智慧地球"是以一种更智慧的方法通过利用新一代信息技术来改变政府、公司和人们相互交互的方式,以便提高交互的明确性、效率、灵活性和响应速度。智慧方法具有以下三个方面特征:更透彻的感知、更全面的互联互通、更深入的智能化。

1.4.4   欧盟的物联网行动计划

2009 年 6 月 18 日,欧盟委员会向欧盟议会、理事会、欧洲经济和社会委员会和地区委员会递交了《欧盟物联网行动计划》(Internet of Things-An action plan for Europe)(以下简称《行动计划》),希望通过构建新型物联网管理框架,让欧洲来引领世界物联网发展。《行动计划》的制定,标志着欧盟已经将物联网的实现提上日程。

1.4.5   中国的"感知中国"

实现"感知中国",智能改变生活。自 2009 年 8 月以来,物联网被正式列为国家五大新兴战略性产业之一,写入"政府工作报告",物联网在中国受到了全社会极大的关注,其受关注程度是在美国、欧盟以及其他各国不可比拟的。

1.5   物联网的发展前景

根据欧洲智能系统集成技术平台(European Technology Platform on Smart

Systems Integration,EPOSS)研究机构在 *Internet of things in 2020* 报告中的分析预测,未来物联网的发展将经历 4 个阶段,如表 1-1 所示。

表 1-1 物联网发展的 4 个阶段

	2010 年之前	2010 年至 2015 年	2015 年至 2020 年	2020 年之后
技术前景	单个物体间互联;低功耗、低成本	物与物之间联网;无所不在的标签和传感器网络	半智能化;标签、物品可执行命令	全智能化
标准化	RFID 安全及隐私标准确定无线频带;分布式控制处理协议	针对特定产业的标准;交互式协议和交互频率;电源和容错协议	网络交互标准;智能器件之间互联标准化	智能响应行为标准;健康安全
产业化应用	RFID 在物流、零售、医药产业应用;建立不同系统间交互的框架(协议和频带)	增强互操作性;分布式控制及分布式数据库;特定融合网络;恶劣环境下应用	分布式代码执行;全球化应用;自适应系统;分布式存储、分布式处理	人、物、服务网络的融合;产业整合;异质系统间应用
器件	更小、更廉价的标签、传感器、主动系统;智能多波段射频天线;高频标签;小型化、嵌入式读取终端	提高信息容量、感知能力;拓展标签、读取设备、高频;传输速率;芯片上集成射频;与其他材料整合	超高速传输;具有执行能力标签;智能标签;自主标签;协同标签;新材料	更廉价材料;新物理效应;可生物降解器件;纳米功率处理组件
功耗	低功耗芯片组;降低能源消耗;超薄电池;电源优化系统(能源管理)	改善能量管理;提高电池性能;能量捕获(储能、光伏);印刷电池;超低功耗芯片组	可再生能源;多种能量来源;能量捕获(生物、化学、电磁感应);恶劣环境下发电;能量循环利用	能量捕获;生物降解电池;无线电力传输

主要包括:

(1)2010 年之前,RFID 技术被广泛应用于物流、零售和制药领域,主要是行业内的闭环应用。

（2）2010 年至 2015 年有大规模人们感兴趣的物体被连接的物联网。

（3）2015 年至 2020 年，连接到网上的物体进入半智能化阶段，实现物联网和互联网的融合。

（4）2020 年之后，被物联网连接的物体进入智能化阶段，无线传感器网将得到广泛应用。

21 世纪的物联网技术革命是信息化与智能化融合的结果，其将在全球产业化、城市化和传统产业的升级改造过程中发挥极其重要的作用，称为新一轮全球经济和社会发展的主导力量。

第2章　RFID技术

射频识别技术(Radio Frequency Identification,RFID)是物联网的关键技术之一,是一种非接触式的自动识别技术。通过RFID技术能够快速识别物体,并获取其属性信息。

2.1　RFID技术概述

射频识别技术是利用射频信号通过空间耦合(交变磁场或电磁场)实现无接触信息传递并通过所传递的信息达到识别目的,对静止或移动物体实现自动识别。RFID较其他技术明显的优点是电子标签和阅读器无须接触便可完成识别。RFID技术可识别高速运动物体并可同时识别多个标签,操作快捷方便。RFID系统通常由电子标签、阅读器和天线组成。在物联网系统中,利用标签技术实现的无接触信息传递的技术无疑成为物联网领域最热门的技术之一。

第二次世界大战极大地促进了雷达技术的发展。20世纪40年代,通过对雷达进行改进和应用有力地推动了RFID技术的产生。50年代通过在实验室进行相关研究实现了对RFID技术的早期探索。60年代开始将RFID技术应用到一些具体场景中,从而进一步发展了RFID技术的理论基础。70年代不同的技术测试得到了迅猛发展,产生了一批新的RFID应用,使RFID的技术进步与产品研发迎来了高速发展时期。80年代大量的RFID技术得到了规模应用,标志着RFID技术及产品正式进入商业应用时期。90年代RFID产品在生产生活中的应用逐步扩大,从而使RFID技术的标准化问题逐渐得到人们的关注。

2000年以后,RFID技术和理论得到了进一步的发展和完善。单芯片电子标签、多电子标签识读、无线可读可写、无源电子标签的远距离识别、适应高速移动物体的RFID技术与产品已成为现实并走向应用。

RFID系统的应用领域很广,包括物流业、零售业、制造业、医疗业等。例如,物流过程中的货物追踪,信息自动采集,仓储应用,港口应用,邮政,快递;

医疗系统的医疗器械管理,病人身份识别,婴儿防盗;身份识别系统中的电子护照,身份证,学生证等各种电子证件;等等。

2.2 RFID 系统的分类

RFID 系统按照不同的原则有多种分类方法。常用的分类方法有两种:按 RFID 标签有源、无源划分和按工作频率划分。

2.2.1 按 RFID 标签有源、无源划分

按照 RFID 标签有源和无源,RFID 系统可分为:主动式、半主动式和被动式 3 种。

主动式和半主动式标签内部都携带电源,因此均为有源标签。主动式标签和一台通用无线收发终端没有太大区别,例如,Wi-Fi RFID 和 ZigBee RFID 等,这种标签的无线信号收发都由标签内的电源供电,其工作距离远,价格也最贵;半主动式标签与主动式标签不同,内部电源只是对标签内部处理芯片供电,例如,接收解调、译码编码和控制等部分的芯片,半主动式标签不同于主动式标签的是它本身并不发送电磁波,而是反向散射来自阅读器的电磁波,这使得它比主动式标签省电,有更长的工作时间,比被动式标签有更强的处理能力,更远的识读能力,能适应较恶劣通信环境要求。主动式标签和半主动式标签由于成本均较高,限制了它们的推广,目前只是在一些特定场合中应用,例如,高速公路自动缴费、高速电气化火车的定位等领域。

无源被动 RFID 标签内部没有电源设备,其内部集成电路通过接收由阅读器发出的电磁波进行驱动,向阅读器发送数据。与前述两种类型比较起来,最大的优势就是成本低,它的成本只是前两种的十分之一或几十分之一,由于被动标签的成本优势,使它得到了大规模的应用,也成为近年来 RFID 产业发展的主要方向。

2.2.2 按 RFID 系统工作频率划分

RFID 系统按工作频率可以分为低频(LF)、高频(HF)、超高频(UHF)和微波(MF),其具体频段划分、工作原理与应用特点见表 2-1。

表 2-1 中,被动式 RFID 按工作方式有两种:电磁感应和反向散射。其中,低频和高频 RFID 的工作原理都称为电磁感应。对于 UHF 和 MF 频段的 RFID,可轻易地将工作时电磁波分为发射电磁波和反射电磁波,因此它们

的工作方式称为反向散射。

表 2-1　RFID 按频率进行划分

频段	频率范围	工作原理	应用特点
低频(LF)	135kHz	电磁感应	识读距离短(<10cm),被动标签
高频(HF)	13.56MH	电磁感应	识读距离短(<10cm),被动标签
超高频(UHF)	860MHz~960MHz	反向散射	识读距离远(可达 10m),被动标签
微波(MF)	2.4GHz,5.8GHz	反向散射	反向散射识读距离远,被动、半主动和主动标签

　　图 2-1 给出了电磁感应型 RFID 系统工作原理。阅读器读头天线是一个线圈,工作时产生一定频率的交变电磁场;标签天线也是一个线圈,放在感应区中,根据法拉第电磁感应定律,可以产生感生电动势和电流,经滤波为标签芯片供电;标签芯片通过控制标签内与标签天线相连的负载,改变互感量,由此改变读头和标签之间的电磁场;阅读器读头感应到互感的变化,解调出标签传递的信息。电磁互耦的工作距离短,适用于门禁、身份证等短距离自动识别应用。

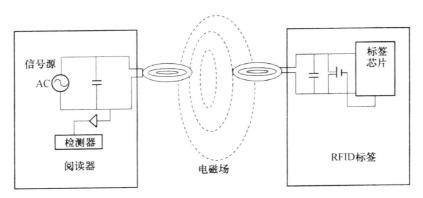

图 2-1　电磁感应型 RFID 系统

　　UHF RFID 的工作原理是电磁波反向散射,如图 2-2 所示。阅读器发送电磁波给标签,标签通过天线拾取无线电波能量,以供标签芯片工作,标签芯片控制天线的负载,影响天线的雷达散射截面(Radar Cross Section,RCS)值,从而调制反射信号;阅读器天线接收到标签反向散射的信号后,解调出标签的信息。UHF RFID 工作距离长,为物流、仓储等应用提供了快捷的自动识别方法,已成为了 RFID 行业的发展热点。

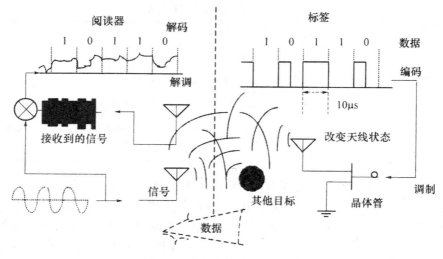

图 2-2　反向散射型 RFID 系统

2.3　RFID 系统的组成与基本工作原理

2.3.1　RFID 系统的组成

RFID 系统在具体应用过程中,根据不同的应用目的和应用环境,系统的具体组成会有所不同。从宏观考虑,RFID 系统由电子标签、阅读器和应用系统组成;从微观考虑,RFID 系统由电子标签、阅读器和天线组成,如图 2-3 所示。

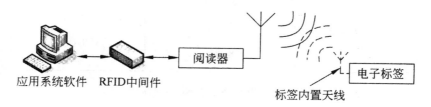

图 2-3　RFID 系统组成框图

1.电子标签

电子标签(Tag)又称为射频标签或应答器,基本上是由天线、编/解码器、电源、解调器、存储器、控制器及负载电路组成的,其框图如图 2-4 所示。

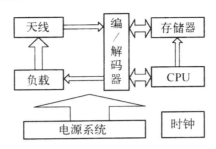

图 2-4　电子标签的基本组成示意图

其中,天线部分主要用于数据通信和获取射频能量。天线电路获得的载波信号的频率经过分频后,分频信号可以作为应答器 CPU、存储器、编解码电路单元工作所需的时钟信号。

RFID 标签中存有被识别目标的相关信息,由耦合元件及芯片组成,每个标签具有唯一的电子编码,附着在物体上标识目标对象。标签有内置天线,用于和 RFID 射频天线间进行通信。RFID 电子标签包括射频模块和控制模块两部分,射频模块通过内置的天线来完成与 RFID 读写器之间的射频通信,控制模块内有一个存储器,它存储着标签内的所有信息。RFID 标签中的存储区域可以分为两个区:一个是 ID 区——每个标签都有一个全球唯一的 ID 号码,即 UID。UID 是在制作芯片时存放在 ROM 中的,无法修改。另一个是用户数据区,是供用户存放数据的,可以通过与 RFID 读写器之间的数据交换来进行实时的修改。当 RFID 电子标签被 RFID 读写器识别到或者电子标签主动向读写器发送消息时,标签内的物体信息将被读取或改写。

2. 阅读器

RFID 阅读器是以一定的频率、特定的通信协议完成对应答器中信息的读取,不同的应用场合,阅读器的表现形式不同,但阅读器基本组成模块大致一样,如图 2-5 所示。

控制器是阅读器工作的核心,完成收发控制,以及对从应答器上传输过来的数据进行提取和处理,同时完成与高层决策系统的通信。通信接口可能是 USB、RS232 或者其他接口形式。

振荡器电路产生能够满足阅读器整个系统的频率,同时由振荡器产生的高频信号经过分频等处理后就作为待发送信号的载波。需要对待发送的命令信号进行编码、调制及适当的功率放大,使信号能够正确无误地被发送出。与之相对应的是接收单元,这部分包括整形、滤波、解调、解码等电路,接收单元实现从天线传输的高频信号中提取有用信号的功能。

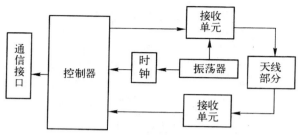

图 2-5 阅读器基本组成模块

RFID 阅读器的主要功能是读写 RFID 电子标签的物体信息,它主要包括射频模块和读写模块以及其他一些辅助单元。REID 读写器通过射频模块发送射频信号,读写模块连接射频模块,把射频模块中得到的数据信息进行读取或者改写。阅读器可将电子标签发来的调制信号解调后,通过 USB、串口、网口等,将得到的信息传给应用系统;应用系统可以给读写器发送相应的命令,控制读写器完成相应的任务。

3. 天线

天线在电子标签和读写器间传递射频信号。天线是一种以电磁波形式把无线电收发机的射频信号功率接收或辐射出去的装置。天线的种类繁多,通常可进行如下分类,如图 2-6 所示。

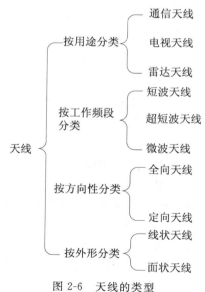

图 2-6 天线的类型

2.3.2　RFID 的工作原理

当 RFID 系统工作时,其工作原理如图 2-7 所示。

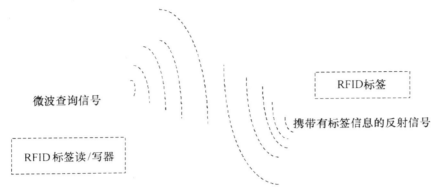

图 2-7　RFID 系统工作原理

　　阅读器在区域内通过天线发射射频信号,形成电磁场,区域大小取决于发射功率、工作频率和天线尺寸。

　　当 RFID 标签处于该范围内,则会接收阅读器发射的信号,引起天线出现感应电流,从而使 RFID 标签开始工作,借由其内部的发射天线向阅读器传输编码信息等。

　　通过系统中的接收天线接收到 RFID 标签所发射的载波信号,再经由调节器传输给阅读器,对信号进行解调和解码后,传送给主系统来完成有关处理操作。

　　主系统根据逻辑运算判断该标签的合法性,针对不同的设定做出相应的处理和控制,发出指令信号控制执行机构动作。

　　RFID 标签所存储的电子信息代表了待识别物体的标识信息,相当于待识别物体的身份认证,从而射频识别系统实现了非接触物体的识别目的。

　　RFID 系统的读写距离是评价其性能的重要参数。一般情况下,具有较长读写距离的 RFID 成本较高,因此有关人员正致力于研究有效提高读写距离的方法。影响 RFID 系统读写距离的因素包括天线工作频率、阅读器的射频输出功率、阅读器的接收灵敏度、标签的功耗、阅读器和标签的耦合度等。大多数系统的读取距离和写入距离是不同的,写入距离大约是读取距离的 40%～80%。

2.4 RFID 的关键技术

2.4.1 RFID 天线技术

当 RFID 应用到不同的场景时，天线的安装位置各不相同，一些情况下会贴于物体表面，还可能需要嵌入物体内部。使用 RFID 时，不仅要注重成本问题，还应该追求更高的可靠性。天线技术中的标签天线和读写器天线对天线的设计提出了更为严格的要求，因为这两者分别具有接收、发射能量的作用。研究人员对 RFID 天线的关注主要包括天线结构和环境对天线性能的影响上。

当 RFID 系统的工作频段超过 UHF 时，阅读器和标签的作用与无线电发射机和接收机大致相同。无线电发射机会发出射频信号，该信号会经由馈线传送给天线，天线再以电磁波的形式进行辐射。该电磁波被接收点的无线电接收天线接收后，又经由馈线发送到接收机。由此看出，在无线电设备发射和接收电磁波的过程中，天线具有不可替代的作用。

2.4.2 RFID 中间件技术

RFID 中间件（Middleware）技术是作为 RFID 应用与底层 RFID 硬件采集设施之间的纽带，是将企业级中间件技术延伸到 RFID 领域，是整个 RFID 产业的关键共性技术。

RFID 中间件技术是一种中间程序，实现了 RFID 硬件设备与应用系统之间数据传输、过滤、汇总、计算或数据格式转换等。中间件技术降低了应用开发的难度，使开发者不需要直接面对底层架构，而通过中间件进行调用。

RFID 中间件是一种消息导向（Message-Oriented Middleware，MOM）的软件中间件，信息是以消息的形式从一个程序模块传递到另一个或多个程序模块。消息可以非同步的方式传送，所以传送者不必等待回应。其分层结构如图 2-8 所示。

1. 数据采集及设备管理层

该层的主要功能是负责包括 RFID 标签、RFID 读/写器配置、条形码编码等信息的采集，及数据采集设备或是网络的管理、协调。该层为事件处理层提供统一格式的 RFID 原始事件，因此关系到整个 RFID 系统的可用性以及鲁棒性等。

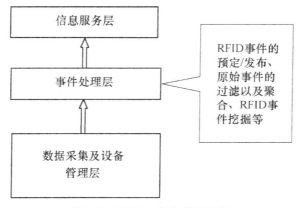

图 2-8　RFID 中间件分层结构

2. 事件处理层

该层的主要功能是为了对从数据采集层所采集的数据进行预处理,仅向应用程序提供它们所关心的 RFID 事件信息。为了尽可能地为上层应用提供准确的 RFID 数据,该层需要实现以下功能:

(1)原始数据汇集

汇总从数据采集层所收集到的大量 RFID 事件原始数据。

(2)原始事件处理

该层需要实现事件过滤、事件聚合、事件模式挖掘、事件存储等。

(3)数据的聚集

聚集的含义是将读入的原始数据按照规则进行合并。

3. 信息服务层

信息服务层为具体的应用程序提供服务。不同的应用都有信息存储、信息发布、地址解析、访问控制、安全认证等共性的需求,这些共性需求可抽取出来作为支撑不同应用的基础设施。由这些基础设施构成了整个信息服务层。

目前,常见的 RFID 中间件有 IBM 的 RFID 中间件、Oracle 的 RFID 中间件、Microsoft 的 RFID 中间件以及 Sybase 的 RFID 中间件。这些中间件产品经过了实验室、企业的多次实际测试,其稳定性、先进性和海量数据的处理能力都比较完善,得到了广泛认同。

2.4.3　RFID 中的防冲突技术和算法设计

随着阅读器通信距离和识别范围的扩大,常常引发多个标签同时处于阅读器的识别范围之内。当同一时刻有两个或两个以上的标签向阅读器发送标识信息时,就会产生信道争用和信号互相干扰的问题,使阅读器不能正确接收数据,也就不能正确识别标签,即发生了碰撞(Collision)。因此,当需要 RFID 系统一次完成对多个标签的识别任务时,就必须找到一种防止标签信息发生碰撞的技术——防碰撞(Anti-collision)技术。解决碰撞的算法称为防碰撞算法。

目前,RFID 系统中应用的防碰撞算法主要是 ALOHA 算法和二进制搜索算法等。

1. ALOHA 算法

ALOHA 网是世界上最早的无线电计算机通信网。ALOHA 网络可以使分散在各岛的多个用户通过无线电信道来使用中心计算机,从而实现一点到多点的数据通信。

ALOHA 算法分为纯 ALOHA 和时隙 ALOHA。

(1)纯 ALOHA

用户有帧即可发送,采用冲突监听与随机重发机制。这样的系统是竞争系统,它的帧长固定,但两帧冲突或重叠,则通信会被破坏,如果发送方知道数据帧遭到破坏(检测到冲突),那么它可以等待一段随机长的时间后重发该帧。在泊松分布条件下,每个帧时间为尝试发送次数 $G=0.5$ 时,信道利用率 $S=0.184$,也就是说,只能用原信道吞吐量的 18.4%。

纯 ALOHA 算法标签发送数据部分冲突和完全冲突情况的示意图如图 2-9 所示。

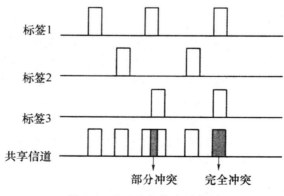

图 2-9　ALOHA 算法示意图

纯 ALOHA 法属于电子标签控制法，其工作是非同步的。纯 ALOHA 法是所有多路存取方法中最简单的，一般应用于只读的 RFID 系统中。

（2）时隙 ALOHA

1972 年，Robert 发布时隙 ALOHA（Sloted ALOHA），是一种时分随机多址方式，可以提高 ALOHA 法的信道利用率。它是将信道分成许多时隙（Slot），时隙的长度由系统时钟决定，各控制单元必须与此时钟同步。

BFSA 算法采用帧大小固定，在整个标签识别过程中不改变帧长，阅读器把帧大小和随机数发送给标签。每个标签通过利用这些随机号码来选择时隙号码，这样与阅读器建立通信。标签随机数的选取和传输过程中的碰撞率会影响整个算法的识别率，如图 2-10 所示。

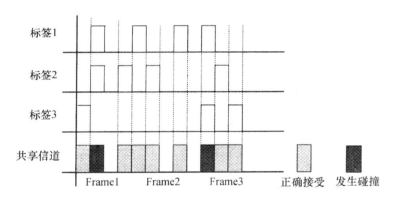

图 2-10　BFSA 算法示意图

2.二进制搜索算法

二进制搜索算法属于典型的阅读器控制法。二进制搜索算法系统是由一个阅读器和多个电子标签之间规定的相互作用（指令和响应）顺序（规则）构成的。目的在于从多个标签中选出任一电子标签。实现二进制搜索算法系统的必要前提是能辨认出在阅读器中数据碰撞的比特的准确位置。为此，必须有合适的位编码法，在采用这种算法的系统中，一般使用的是 Manchester 编码，这种编码用在 1/2 个比特周期内电平的改变（上升/下降沿）来表示某位之值，假设逻辑"0"为上升沿，逻辑"1"为下降沿，如图 2-11 所示。

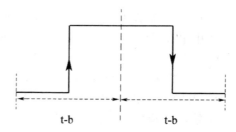

图 2-11　Manchester 编码中的位编码

　　如果由两个(或多个)电子标签同时发送的数位有不同之值,如图 2-12 所示,则接收的上升沿和下降沿互相抵消,以至在整个比特的持续时间内接收器收到的是不间断的信号,而在 Manchester 编码中对这种状态未作规定,因此,这种状态导致一种错误,从而用这种方法可以按位回溯跟踪碰撞的出现。所以,使用 Manchester 编码就能够实现"二进制搜索"算法。

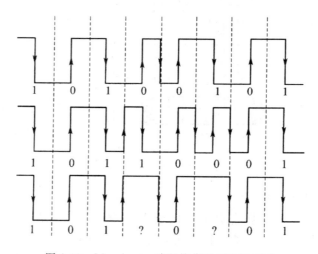

图 2-12　Manchester 编码按位识别碰撞原理

2.5　RFID 的应用

2.5.1　RFID 在门禁系统中的应用

联网型门禁系统的拓扑图如图 2-13 所示。

门禁是一种终端形式,使用后台管理系统在管理中心可以实时监控。以

SK-110 型门禁为例,该系统采用低频远距离感应卡。持卡人员经过通道时,通道后靠近值班室的门会自动打开,RFID 不报警;无卡的人员经过通道时,RFID 报警,管理中心会立即收到报警信号,通过监控系统可进行即时查看。

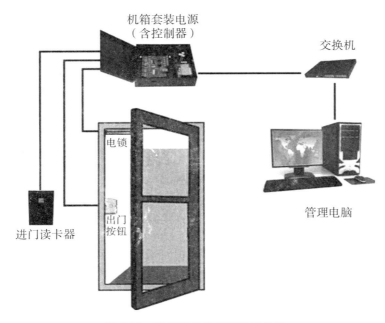

图 2-13　联网型门禁系统的拓扑图

2.5.2　RFID 在票据防伪中的应用

RFID 电子门票系统的构成,如图 2-14 所示。

RFID 电子门票的应用已经越来越广泛,如各大旅游景区、体育赛事、电影院、剧院、大型展会等。例如 2010 昆明世界杯就是采用的 RFID 电子门票,与普通门票相比,RFID 电子门票的优势非常明显。

(1)电子门票在传统纸质门票的基础上,嵌入拥有全球唯一代码的 RFID 电子芯片,彻底杜绝了假票。RFID 芯片无法复制,可读可写,防伪手段先进。

(2)电子门票具有极高的稳定性,而且价格低廉。

(3)因为电子门票无须人工分辨真伪,只需要用 POS 机(手持读写器)靠近电子门票,0.1s 即可分辨真伪,可快速通过检票口。

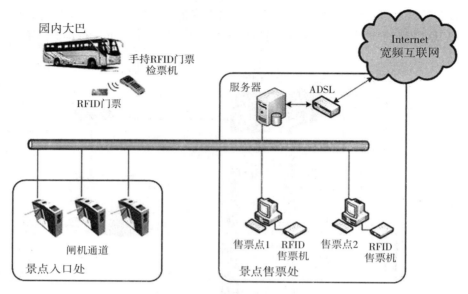

图 2-14　RFID 电子门票系统

（4）在电话或网络订票时，售票人员已经将买票人购票的种类、门票价格、购票人姓名和电话号码等信息写入电脑，并写入 RFID 电子门票的芯片中，这样就避免进错入口找不到座位而引起的混乱。

2.5.3　RFID 技术在仓库管理系统中的应用

RFID 技术在仓库管理系统中的应用目的是实现物品出／入库控制、物品存放位置及数量统计、信息查询过程的自动化，方便管理人员进行统计、查询和掌握物资流动情况，达到方便、快捷、安全、高效等要求（图 2-15）。

2.5.4　RFID 在物流中的应用

RFID 技术与互联网、通信等技术相结合，可实现全球范围内物品跟踪与信息共享，如图 2-16 所示。

可在瞬间完成对成百上千件物品标识信息的读取，从而提高工作效率。可以实现对单件物品的全过程管理与跟踪，克服条码只能对某类物品进行管理的局限。标签根据应用场合的不同可以做成条状、卡状、环状和纽扣状等多种形状。

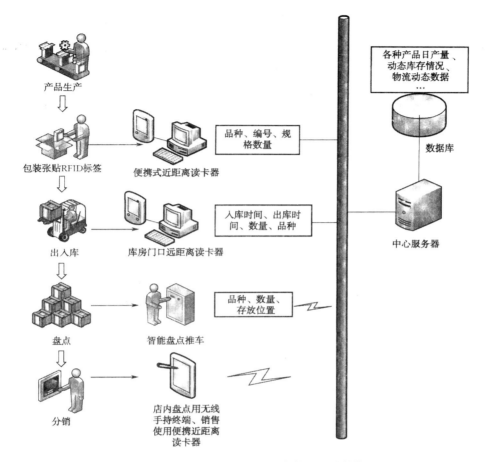

图 2-15　基于 RFID 技术的仓库管理系统结构

2.5.5　物联网 RFID 在汽车制造领域的应用

德国的 ZF Friedrichshafen 公司是全球知名的为商用车辆生产变速器和底盘的厂家，为了能够准确及时、按生产排序供货，满足顾客的需求，提高工作效率与经济利益，ZF Friedrichshafen 公司引进了一套 RFID 系统来追踪和引导八速变速器的生产。这套 RFID 系统采用 Siemens RF660 读写器和 Psion Teklogix Workabout Pro 手持读写器，通过 RF-IT Solutions 公司生产的 RFID 中间件，与 ZF Friedrichshafen 公司其他的应用软件连接。

图 2-16　RFID 物流应用

2.5.6　RFID 在集装箱电子关锁中的应用

在集装箱或厢式货车等物流运输工具的箱门上可安装电子关锁,当安装有电子关锁的运输车辆通过海关监管的集装箱通道时,系统通过 RFID 技术可精确定位电子关锁位置,然后通过无线信号控制电子锁锁定或电子锁开启,保障货物在途安全的一种监控系统,并且可通过精确定位确保电子关锁和其安装的集装箱自动形成一一对应关系。

电子关锁系统由电子关锁、自动检测装置、车载 GPS、固定关锁阅读器等设备及软件组成(图 2-17)。

电子关锁的识别通过无线射频识别技术(RFID)实现,运输车辆在途的定位通过车载 GPS 定位技术实现,电子关锁在出现强行开启报警信号时会及时通过无线通信模块和车载 GPS 通信,GPS 车载台向监控中心进行实时报警(图 2-18)。

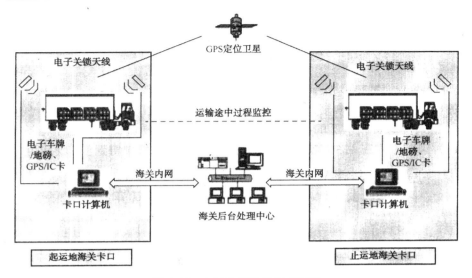

图 2-17　电子关锁系统组成框图

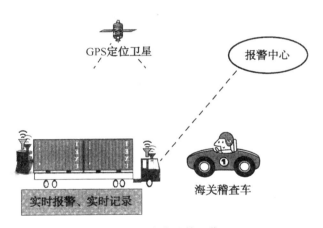

图 2-18　途中监管工作

2.6　EPC 技术的发展

EPC 的全称是 Electronic Product Code,中文称为产品电子代码。EPC的载体是 RFID 标签,并借助互联网来实现信息的传递。

1999 年,美国麻省理工学院 Auto-ID 中心首次提出 EPC 概念。EPC 是指人们按照一定格式,把物品进行编码,这个编码号唯一。物联网中,由于要将大量的物体接入网络,EPC 技术对物联网而言非常重要,它可以将物体进行全球唯一的编号,便于接入网络。

2.6.1　国际发展情况

EPC 网络研究总部设在麻省理工学院,世界 5 所顶尖大学:英国剑桥大学、澳大利亚阿德莱德大学、日本庆应大学、中国复旦大学和瑞士圣加仑大学相继加入其中开始参与 EPC 的研究工作。

国际物品编码协会(EAN/UCC)在 2003 年 11 月成立了 EPC Global 小组,该小组正式接管 EPC 在全球的推广应用工作。与此同时,Auto-ID Center 更名为 Auto-ID Lab,为 EPC Global 指定了一系列标准,并提供技术支持。指定的标准包括 EPC 编码方案、通信协议、数据接口等。

2004 年 6 月 EPC Global 完成了第一个产品电子代码技术的全球标准。这宣告了第一代标签标准的完成。但是不可否认目前世界各国的 EPC 的规范尚存在许多差异。欧美采用 UHF 频段,如 902MHz 和 928MHz,EPC 位数为 96 位。日本采用的 EPC 频段 2.5GHz 和 13.65MHz. EPC 位数为 128 位。

2.6.2　国内发展情况

随着物联网在我国成为关注的热点,EPC 得到了科技部、标准委等政府部门的高度重视。各相关行业、科研机构、应用企业纷纷开始研究 EPC 技术。

2003 年 2 月,由国家标准化管理委员会、中国物品编码中心牵头,全国物流信息管理标准化技术委员会承办了第一届中国 EPC 联席会,统一了 EPC 和物联网的概念,协调各方关系,将 EPC 技术纳入标准化、规范化的管理。

2004 年 4 月 22 日,我国成立了 EPC Global China,并成功举行"首届中国国际 EPC 与物联网高层论坛",不但从组织机构上保障了我国 EPC 事业整体的有效推进,同时标志着我国在及时跟踪国际 EPC 与物联网技术的发展动态、研究开发 EPC 技术的相关产品、推进 EPC 技术的标准化、推广 EPC 技术的应用等方面的工作的全面启动。

2.7　EPC 编码

EPC 的核心是编码,通过射频识别系统的读写器可以实现对 EPC 标签信息的读取。读写器获取 EPC 标签信息,并把标签信息送入互联网 EPC 体系中实体标记语言(Physical Mark-up Language,PML)服务器,服务器根据标签信息完成对物品信息的采集和追踪。然后利用 EPC 体系中的网络中间件等,可实现对所采集的 EPC 标签信息的利用。

当 EPC 标签贴在物品上或内嵌在物品中的时候,该物品与 EPC 标签中的唯一编号就建立了一对一的对应关系。

EPC 的最大特点是可以实现单品识别,编码空间更大。通常条码系统只能表示某物品的产品类别和生产厂商信息,而 EPC 系统还可以表示物品的生产时间、生产地点以及产品编号等详细的信息。

EPC 编码体系是新一代的与条形码兼容的编码标准,它是全球统一标识系统的延伸和拓展,是全球统一标识系统的重要组成部分,是 EPC 系统的核心。

在物联网中 EPC 与现行条形码相结合,因而 EPC 并不是取代现行的条码标准,而是由现行的条码标准逐渐过渡到 EPC 标准或者是在未来的供应链中 EPC 和 EAN/UCC 系统共存。

与当前广泛使用的 EAN/UCC 代码不同的是,EPC 提供对物理对象的唯一标识,就是一个 EPC 仅分配给一个物品使用。

目前 EPC 系统中应用的编码类型主要有三种:64 位、96 位和 256 位。EPC 编码由版本号、产品域名管理、产品分类部分和序列号 4 个字段组成。版本号字段代表了产品所使用的 EPC 编码的版本号,这一字段提供了可以编码的长度。产品域名管理字段标识了该产品生产厂商的具体信息,如厂商名字、负责人及产地。产品的分类字段部分可以使商品的销售商能够方便地对产品进行分类。序列号用于具体单个产品的编码。

EPC 标签编码的通用结构是一个比特串(如一个二进制表示),由 EPC 标头、EPC 管理者、对象分类、序列号 4 个字段组成。目前,EPC 编码有 64 位、96 位和 256 位 3 种类型,见表 2-2。

表 2-2　EPC 编码结构中各字段的长度　　　　　　　　　单位:位

编码类型		EPC 标头	EPC 管理者	对象分类	序列号
EPC-64	类型Ⅰ	2	21	17	24
	类型Ⅱ	2	15	13	34
	类型Ⅲ	2	26	13	23

续表

编码类型		EPC 标头	EPC 管理者	对象分类	序列号
EPC-96	类型 Ⅰ	8	28	24	36
EPC-256	类型 Ⅰ	8	32	56	160
	类型 Ⅱ	8	64	56	128
	类型 Ⅲ	8	128	56	64

EPC-64Ⅰ型编码提供的占有两个数字位的版本号编码,21 位被分配给了具体的 EPC 域名管理编码,17 位被用于标识产品具体的分类信息,最后的 24 位序列标识了具体的产品的个体,如图 2-19 所示。

图 2-19　EPC-64 Ⅰ型编码

当 EPC-64 Ⅰ型无法满足需要时可以采用 EPC-64Ⅱ型来满足大量产品和对价格反应敏感的消费品生产者的要求,如图 2-20 所示。

图 2-20　EPC-64 Ⅱ型编码

EPC-96 Ⅰ型编码设计的目的是产生一个公开的物品标识代码。它的应用类似于目前的统一产品代码,具体的字段含义如图 2-21 所示。

图 2-22 所示为 256 位 EPC 编码的三种类型。多个版本则提供了这种可扩展性。256 编码又分为类型Ⅰ、类型Ⅱ和类型Ⅲ。EPC 的 256 位编码中,对于位分配中的域名管理、对象分类、序列号等分类都有所加长,以应对将来不同的具体应用要求。

图 2-21　EPC-96 Ⅰ型编码

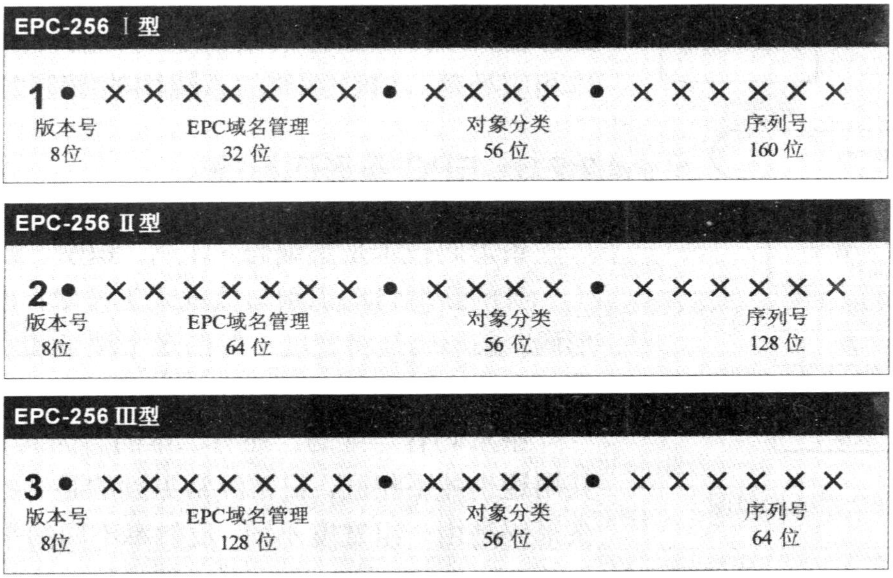

图 2-22　EPC-256 编码的三种类型

（1）EPC 标头

标头标识 EPC 编码长度、识别类型和 EPC 结构，包括它的滤值（如果有的话）。当前，标头有 2 位和 8 位。2 位有 3 个可能值，8 位有 63 个可能值。标签长度可以通过检查标头最左边的头字段进行识别。标头编码见表 2-3。

表 2-3　EPC 中标头编码方案

标头值	标签长度	编码方案
01	64	64.位保留方案
10	64	SCITN-64

续表

标头值	标签长度	编码方案
11	64	64.位保留方案
0000 0001	NA	一个保留方案
0000 001X	NA	二个保留方案
0000 01XX	NA	四个保留方案
0000 1000	64	SSCC-64
0000 1001	64	GLN-64
0000 1010	64	GRAI-64
0000 1011	64	GIAI-64
0000 1100～0000 1111	64	4 个 64 位保留方案
0001 0000～0010 1111	NA	—
0011 0000	96	SGTIn-64
0011 0001	96	SSCC-64
0011 0010	96	GLN-64
0011 0011	96	GRAI-64
0011 0100	96	GIAI-96
0011 0101	96	GDI-96
0011 0110～0011 1111	96	10 个 64 位保留方案
0000 0000…		保留

（2）EPC 管理者

EPC 管理者是描述与此 EPC 相关的生产厂商的信息。EPC 管理者负责对相关对象的分类代码和序列号进行维护，由此来确保 ONS 的可靠性，同时也保证相关产品信息的维护。对于不同版本来说，其 EPC 管理者具有不同长度的编码，其中，编码越短的 EPC 比较少见。EPC-64 TypeB 型中包含最短编码的 EPC 管理者，有 15 位编码。要想用该版本的 EPC 表示，其 EPC 管理者编码必须不能超过 $2^{15} = 32768$。

（3）对象分类号

对象分类号记录产品精确类型信息和标识厂家产品种类。

（4）序列号

序列号唯一标识货物，它可以精确指出某一件产品。

对于每一个标签长度尽可能有较少的引导头，理想为 1 位，最好不要超过 2 位或者 3 位，如果可能，允许使用非常少的标头值引导头。这个引导头是为了 RFID 读写器可以很容易确定标签长度。

某些引导头目前不与特定的标签长度绑定在一起，这样为规范之外的其他标签的长度选择留下余地，尤其是对那些能够包含更长的编码方案的较长的标签，比如唯一 ID（Ubiquitous ID，UID），它被美国国防部的供应商所追捧。

为了保证所有物品都有唯一 EPC，并使标签成本尽可能降低，建议采用 96 位（8 位标头，28 位 EPC 管理者字段，24 位对象分类字段，36 位序列号字段），这样它可以为 2.68 亿个公司提供唯一的标识（远远超出 EAN-13 容纳的 100 万个制造商），每个生产商可以有 1600 万个对象分类且每个对象分类可有 680 亿个序列号，这对于未来世界所有产品已经完全够用了。

2.8　EPC 物联网

EPC 物联网是由自动识别技术研发的基于互联网的通信网络，该基础设施能在全球范围实时进行任何物件的识别。

产品电子码（EPC）在 EPC 物联网中占有十分重要的地位。EPC 系统中 EPC 信息的传送的大致过程如下，通过 RFID 系统向本地网络传输 EPC，经本地网络处理后，由 Internet 发出物品的 PML 信息。下面对 EPC 信息的传送过程进行具体介绍。

（1）当阅读器检测到物品上的 EPC 电子标签时，会以电磁波的形式向 EPC 电子标签发出相应的指令。

（2）在阅读器获得标签的 EPC 后，将其传递给本地网络层中的中间件（SAVANT）。经 SAVANT 信息过滤后，提交至企业应用程序来处理。企业应用程序根据实际情况，将 SAVANT 的信息给本地对象名称解析服务（Object Name Service，ONS）系统，由它来负责查询此 EPC 代码对应的此物品存放在互联网上的其余相关信息的通用资源标志符（Uniform Resource Identifier，URI）。

（3）应用软件在得到 URI 地址后，自动连接至互联网上相应的 EPC Global 网络服务（EPC Information Services，EPCIS）服务器，此时，人们便可以查询到与物品相关的一切信息了。

读/写器发送电磁波为 RFID 标签提供电源,使其能够将存储在微型晶片上的数据传回。自动识别产品技术中心利用 Savant 的软件技术进行数据管理。当 Savant 接收到装货站或商店货架上的读写器发出的产品电子代码后,该代码进入公司局域网或互联网上的 ONS,检索与该 EPC 相关的产品。ONS 是类似于互联网的 DNS,作用是把 Savant 引入存储该产品信息的企业数据库。每个产品的部分数据将用一种新的 PML 存储,这种语言基于流行的 XML。

在由 EPC 标签、读/写器、Savant 服务器、互联网、ONS 服务器、PML 服务器及众多数据库组成的 EPC 物联网中,读写器读出的 EPC 只是一个信息参考,该信息经过网络,传到 ONS 服务器,找到该 EPC 对应的 IP 地址并获取信息。用分布式 Savant 软件系统处理由读写器读取的 EPC 信息,Savant 将 EPC 传给 ONS,ONS 指示 Savant 到 PML 服务器查找,该文件可由 Savant 复制,因而文件中的产品信息就能传到供应链上。

与 EAN·UPC 条码相比,EPC 确立了适用于每种单品的全球性的开放标识标准,成功地解决了单品识别问题。将 EPC 技术为主的自动识别系统应用于产品生产、仓储、运输、销售到消费等过程中,并对整个过程进行实时监测,从根本上改变了制造、销售、购买产品的过程,从而实现整个供应链体系的自动化。

2.9　基于 RFID 技术的 ETC 系统设计

2.9.1　EPC 标签

现代无源电子标签是在介质基板上组装标签芯片和标签天线,再进行封装得到的。EPC 标签既属于无线收发系统,也属于射频识别系统的电子标签。EPC 标签的形成过程为,依据 EPC 规则对 RFID 电子标签进行编码,再依据 EPCglobal 来制定 EPC 标签与 EPC 标签读/写器的无接触空中通信规则。

EPC 标签具有如下特点,EPC 标签是 EPC 代码及其附加功能信息的载体;能够与 EPC 标签读写器形成数据通信通道,随时进行数据传输。

EPC 码是存储在 EPC 标签中的唯一信息。EPC 标签有如下 3 种类型,如图 2-23 所示。

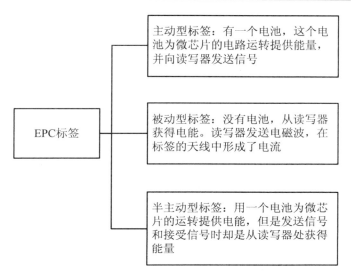

图 2-23　EPC 标签的类型

2.9.2　EPC 读/写器

读/写器是一种识别 EPC 标签的电子装置,能够将识别到的信息传送给相连的信息系统。读写器读取标签信息的方式较多,通常使用电感耦合的方法完成近距离读取。将读写器贴近标签,两者的天线会产生一个磁场。标签通过该磁场以电磁波的形式将信息传送给读/写器,再将返回的电磁波转换为数据形式,就是标签上的 EPC 编码。

读/写器读取信息的距离取决于读/写器的能量和使用的频率。通常来讲,高频率的标签有更大的读取距离,但是它需要读/写器输出的电磁波能量更大。一个典型的低频标签必须在一英尺(约 0.0254m)内读取,而一个 UHF 标签可以在 3.05~6.10m 的距离内被读取。

在某些应用情况下,读取距离是一个需要考虑的关键问题,例如,有时需要读取较长的距离。对于供应链来讲,在仓库中最好有一个由许多读/写器组成的网络,这样它们能够准确地查明一个标签的确切地点。Auto-ID 中心的设计是一种在 4 英尺距离内可读取标签的灵敏读/写器。

2.9.3　系统设计

射频识别技术可以通过射频信号自动识别目标对象,无需可见光源,具有穿透性,可以透过外部材料直接读取数据,读取距离远,无需与目标接触就可以获取数据。这些优点使它可以应用在智能交通领域,从而大大简化过程,提高效率。不停车收费系统就是在此基础上建立起来的,车辆进出可以不停车,免伸手。

电子不停车收费系统(Electronic Toll Collection,ETC)是目前世界上较为先进的收费系统,是 RFID 技术在智能交通领域的应用之一。如图 2-24 所示,通过安装在车辆挡风玻璃上的 RFID 电子标签与在收费站 ETC 车道上的 RFID 读写器之间的专用短程通信,利用计算机联网技术与银行进行后台结算处理,从而达到车辆通过路桥收费站不需停车就能交纳费用的目的。它特别适于在高速公路或交通繁忙的桥隧环境下使用。虽然能实现不停车收费,但一般来说,车辆还是需要以较低速度通过。这种收费系统每车收费耗时不到 2s,其收费通道的通行能力是人工收费通道的 5~10 倍。

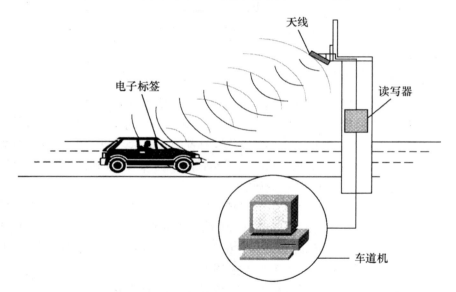

图 2-24　电子不停车收费系统 ETC 示意图

1. 硬件设计

不停车收费系统的关键技术主要集中在两个方面,即自动车辆识别(Automatic Vehicle Identification,AVI)技术和逃费抓拍系统(Video Enforcement System,VES)。该系统由电脑、管理软件、智能电子标签、智能电子标签阅读器、控制箱、道闸和地感线圈组成。系统能实现自动检验、登记、放行等功能。

在硬件设计中,主要以 RFID 作为数据载体,通过无线数据交换方式实现与车辆自动识别系统的通讯,完成车辆基本信息、入口信息、卡内预存费用信息的远程数据存取功能。自动识别系统按照既定的收费标准,通过计算,从 IC 卡中扣除本次道路使用通行费,并修改 IC 卡内的信息记录,完成一次自动收费放行。由于车辆征费是根据车辆类型的不同而不同,所以对进入 ETC 系统车辆的分类是道路征费的依据。车辆的类型可在购置电子标签时一次性写入 IC 卡内,电子标签必须有防拆除更换的功能,防止大车型使用小车型电子标签作弊。由于不停车收费是无人看管的车道,即便可以设置放行栏杆,依然还需要 VES 系统保证合法车辆快速通过收费车道,防止 ETC 车辆不交费"闯卡"。VES 系统利用视频图像捕获技术、车辆牌照识别技术记录逃费车辆的车牌信息和外部特征,使管理部门有据可查,用以保证 ETC 车道运营安全。

2.收费管理中心总体结构框架

现在 ETC 系统的实现主要由 ETC 收费车道、收费站管理系统、ETC 管理中心、专业银行及传输网络组成。

自动收费记录以加密方式建立,收费管理人员不能修改或添加记录,自动收费记录文件由数据库自动生成。管理中心与银行网络系统直接的信息传递,以协议加密的方式确定,以确保安全。

要实现这样一个收费过程,目前只有用户自愿去购置车载电子标签才能成为 ETC 用户,然后通过安装在车辆挡风玻璃上的车载电子标签与在收费站 ETC 车道上的微波天线之间的微波专用短程通讯,利用计算机联网技术与银行进行后台结算处理,从而达到车辆通过路桥收费站不需停车而能交纳路桥费。电子标签现在还没能成为一个"标签",大多数的做法是使用一张非接触的 IC 资金卡插入这个发射器来工作。

另外安装这种电子标签一定要有防拆除功能,安装的位置选择在车辆的底盘发动机上,因为这是车辆终身不更换的部件。这个装置就是把车的行驶证电子化,有了这个电子身份证,对车辆情况可以了如指掌。如果这种方法得以实施,汽车制造行业就可以在汽车制造的标准规定上安装电子标签。

近几年我国的电子不停车收费系统的研究和实施取得了一定进展,在很多高速公路的进出口收费站都装有 ETC 系统。随着我国公路事业的发展和不停车收费系统的开发应用,以及增长的交通需求,不停车收费系统在我国市场上会有广阔的发展前景。

第3章　智能传感器与无线传感器网络技术

物联网在感知领域也称为传感网,它将各类微型传感器集成化,然后进行协作式的实时监控、感知与采集各种环境信息,通过嵌入式系统处理信息,并通过自组织无线网络通信,实现对物理世界的动态协同感知。可以发现,传感网是以感知为主要目的的物物互联网络。无线传感器网络技术是传感网中最核心的技术之一。

3.1　智能传感器的功能、特点及实现

智能传感器系统是一门现代综合技术,是当今世界正在迅速发展的高新技术,至今还没有形成统一确切的定义。智能传感器概念最初是在美国宇航局开发宇宙飞船过程中提出的。人们需要知道宇宙飞船在太空中飞行的速度、位置、气压、空气成分等,因而需要安装各式各样的传感器,而且宇航员在太空中进行各种实验也需要大量的传感器。这样一来,需要处理众多从传感器获得的信息,即便使用一台大型计算机也很难同时处理如此庞大的数据,并且这在宇宙飞船上显然是行不通的。因此,宇航局的专家们就希望传感器本身具有信息处理的功能,于是把传感器和微处理器结合在一起,这样在20世纪70年代末就出现了智能传感器。

早期,人们简单、机械地强调在工艺上将传感器与微处理器两者紧密结合,认为"传感器的敏感元件及其信号调理电路与微处理器集成在一块芯片上就是智能传感器"。

关于智能传感器的中、英文称谓,目前也尚未统一。"Intelligent Sensor"是英国人对智能传感器的称谓,而"Smart Sensor"是美国人对智能传感器的俗称。另外,1992年荷兰代尔夫特理工大学 Johan H. Huijsing 教授在"Integrated Smart Sensor"一文中按集成化程度的不同,将智能传感器分别称为"Smart Sensor"、"Integrated Smart Sensor"。对"Smart Sensor"的中文译名有译为"灵巧传感器"的,也有译为"智能传感器"的。

国内众多学者广泛认可这种概念,"传感器与微处理器赋予智能的结合,兼有信息检测与信息处理功能的传感器就是智能传感器(系统)";模糊传感器

也是一种智能传感器(系统),将传感器与微处理器集成在一块芯片上是构成智能传感器(系统)的一种方式。

3.1.1　智能传感器的主要功能与特点

随着计算机和仪器仪表技术的快速发展,智能传感器也随之发展起来。智能传感器是在人工智能、信息处理技术的基础上发展起来的具有多种功能的传感器。与传统的传感器相比较,智能传感器成功地将信息检测功能与信息处理功能有机地结合起来,充分地利用了微处理器进行数据分析和处理,同时还对内部的工作进行有效的调节和控制,从而具有了一定的人工智能,弥补了传统传感器的缺陷与不足,使得采集的数据质量得以提高。就目前而言,智能传感器的智能化技术尚处于初级阶段,即数据处理层次的低智能化,已经具备自诊断、自补偿、自校准、自学习、数据处理、存储记忆、双向通道、数字输出等功能。智能传感器的最终目标是接近或达到人类的智能水平,能够像人一样通过在实践中不断地改进和完善,实现最佳测量方案,得到最好的测量结果。

通常而言,智能传感器由传感器单元、微处理器和信号电路等封装在同一壳体内组成,输出方式通常采用 RS-232、RS-485 等串行输出,或采用 IEEE-288 标准总线并行输出。智能传感器实际上是最小的微机系统,其中作为控制核心的微处理器通常采用单片机或 ARM 等芯片控制,其基本结构框图如图 3-1 所示。

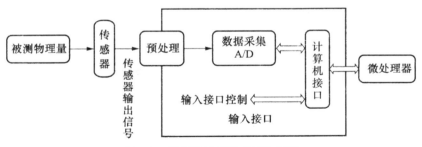

图 3-1　智能传感器基本结构框图

1. 智能传感器的主要功能

智能传感器与传统传感器相比较在功能上有较大的拓展,总体而言可概括为以下几点:

(1)逻辑判断、统计处理功能。智能传感器能够对检测数据的有效分析并做出统计与修正,同时还能进行非线性、温度、响应时间等的误差补偿,而且它还能根据实际情况调整工作状态,使系统处于最佳工作状态。

(2)自校零(消除零漂)、自标定(输出值对应的输入值)、自校正(输出特性的变化)功能。智能传感器可以通过对环境的判断和自诊断进行零位和增益参数的调整,可以借助其内部检测线路对异常现象或故障进行诊断。操作者输入零值或某一标准值后,自校准模块可以自动地进行在线校正。

(3)软件组合,设置多模块化的硬件和软件。用户可以通过操作指令,改变智能传感器的硬件模块和软件模块的组合方式,以达到不同的应用目的,完成不同的功能,实现多传感器、多参数的复合测量。

(4)人机对话功能。智能传感器与各类仪表组合起来,再配置显示装置与输入键盘,这样系统就具有了人机对话功能。

(5)数据存储、记忆与信息处理功能。可以存储各种信息,例如装载历史信息、数据的校正、参数的测量、状态参数的预估。对检测到的数据随时存取,大大地加快了信息的处理速度。

(6)双向通信和标准化数字输出功能。智能传感器系统具有数字标准化数据通信接口,通过 RS-232、RS-485、USB、I^2C 等标准总线接口,能与计算机接口总线相连,相互交换信息。

根据不同的应用场合,智能传感器可选择性地具有上述功能或者全部功能。智能传感器具有高的标准性、灵活性和可靠性,同时采用廉价的集成电路工艺和芯片以及强大的软件来实现,具有高的性价比优势。

2.智能传感器的特点

智能传感器的功能是通过模拟人的感官和大脑的协调动作,结合长期以来测试技术的研究和实际经验而提出来的。它是一个相对独立的智能单元,它的出现对原来硬件性能苛刻要求有所减轻,而靠软件帮助可以使传感器的性能大幅度提高,同时采用廉价的集成电路工艺和芯片以及强大的软件来实现,大大降低了传感器本身的价格。

智能传感器的特点如下:

(1)信息存储和传输

随着全智能集散控制系统(Smart Distributed System)的飞速发展,对智能单元要求具备通信功能,用通信网络以数字形式进行双向通信,这也是智能传感器关键标志之一。智能传感器通过测试数据传输和接收指令来实现各项功能,如增益的设置、补偿参数的设置、内检参数的设置、测试数据输出等。

(2)自补偿和计算功能

长期以来,传感器的温度漂移和输出非线性的补偿功能一直没有很好地解决,自从智能传感器的出现以及计算机的普遍应用为传感器的温度漂移与非线性补偿带来了新的变革。在传感器加工精度要求放宽的情况下,只要保证传感器的重复性良好,通过微处理器对测量的信号进行软件计算,经过多次拟合与差值计算实现对飘移和非线性的补偿,从而能获得较精确的测量结果。如美国凯斯西储大学制造出的一个含有 10 个敏感元件、带有信号处理电路的 PH 传感器芯片,可计算其平均值、方差和系统的标准差。若某一敏感元件输出的误差大于 ±3 倍标准差,输出数据就将它舍弃,但是输出此类数据的敏感元件仍然有效,只是所标定的数值出现了漂移现象。此外,智能传感器能够重新标定单个敏感元件,使它重新有效。

(3)自检、自校、自诊断功能

普通传感器在长期使用后会变得不够精准,所以需要定期的检验和标定,以确保其准确度,这个工作需要将传感器拆卸,然后在实验室进行校准,对于在线测量的传感器如果出现失准则不能进行及时的诊断。然而采用智能传感器之后则大有改观,首先自诊断功能在电源接通后会进行自检;其次根据使用时间可以进行在线校正,微处理器利用存在 EPROM 内的计量特性数据进行对比校对。

(4)复合敏感功能

自然界的物理信号有声、光、电、热、力以及化学等。由于智能传感器是集多种功能于一身的复合传感器,因此它能够同时测量多种物理量以及化学量,给出比较全面地反映物质运动的信息。

(5)智能传感器的集成化

随着大规模集成电路的发展,传感器也与相应的电路集成到芯片上,对于那些具有智能功能的传感器而言,将它们集成在一个芯片上就形成了集成智能传感器,集成智能传感器具有较高信噪比、改善性能、信号规一化等优点。

3.1.2　智能传感器的实现

1.非集成化实现

采用非集成化制作的传感器,仅仅具有获取信号的功能。所谓非集成化是将传统的传感器、信号调理电路、带数字总线接口的微处理器合为一体而构成的一个智能传感器系统,如图 3-2 所示。其中,信号调理电路的功能是调理传感器输出信号,即对传感输出的信号进行放大并将其转换为数字信号然后送入微处理器,最后通过微处理器将数字总线接口挂接在现场数字总线上。这是一种实现智能传感器系统最快捷的途径与方式。

这种非集成化智能传感器是在现场总线控制系统发展形势的推动下迅速

发展起来的。因为这种控制系统要求挂接的传感器/变送器必须是智能型的，对于自动化仪表生产厂家来说，原有的一套生产工艺设备基本不变，所以，对于这些厂家而言，非集成化实现是一种建立智能化传感器系统最经济、最快捷的途径与方式。

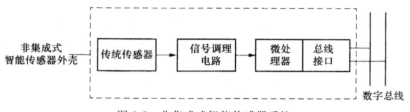

图 3-2   非集成式智能传感器系统

2.集成化实现

所谓集成化传感器是利用微机械加工技术与大规模集成电路工艺，以半导体硅为敏感器件的材料，然后将信号调理电路、微处理器单元等集成于一个芯片上而形成的传感器。它是将智能传感器的各个部分通过一定的工艺，分层集成在一块半导体硅片上。

随着微电子技术和微米、纳米技术的快速发展，大规模集成电路工艺日益完善，集成电路器件的集成度越来越高。它已成功地使各种数字电路芯片、模拟电路芯片、微处理器芯片、存储器电路芯片的价格性能比大幅度降低。同时，它又促进了微机械加工技术的发展，形成了与传统传感器制作工艺完全不同的现代智能检测传感器。

集成智能传感器可实现自适应性、高精度、高可靠性与高稳定性。按照传感器的集成度不同分成三种形式：初级形式、中级形式和高级形式。

（1）初级形式

将没有微处理器单元，只有敏感单元与信号调理电路被封装在一个外壳的形式称为智能传感器的初级形式，也称为"初级智能传感器"。它只具有比较简单的自动校零、非线性的自动校正和温度补偿功能。这些功能常常由硬件智能信号调理电路实现，并且这类智能传感器的精度和性能与传统传感器相比得到了一定的改善。

（2）中级形式

中级形式是在初级形式的基础上增加了微处理器和硬件接口电路，扩展功能有自诊断（例如：故障、超量程）、自校正（进一步消除测量误差）、数据通信，这些功能主要以软件形式来实现，因此它们的适用性更强。

（3）高级形式

在中级形式的基础上，高级形式实现了硬件上的多维化和列阵化，软件上结合神经网络技术、人工智能技术（遗传算法、专家系统、蚁群算法、粒子群算法等）和模糊控制理论，甚至预测控制理论等，使它具有人脑的识别、学习、记忆、思维等功能。它的集成度进一步提高，具有更高级的智能化功能，还具有更高级的传感器列阵信息融合功能，以及成像与图像处理等功能，最终将达到或超过人类"五官"对环境的感知能力，部分代替人的认识活动，已经能够进行多维的检测、图像显示及识别等。高级智能传感器处理系统是由运算传感器、神经网络和数字计算机组成的传感处理系统，其中，传感器可进行局部处理、目标优化、数据缩减和样本的特征值提取；神经网络能进行传感信息处理、高层次特征辨识、全局性处理和并行处理；数字计算机可以用算法、符号进行运算，进而可实现未来的任务，如应用机器智能的故障探测和预报、目标成分分析的远程感知和用于资源有效循环的传感器智能。

3. 混合实现

所谓混合实现是指根据需求与现实可能，将系统的各集成化环节以不同的组合方式集成在几块芯片上，并装在一个外壳里，如图 3-3 所示。

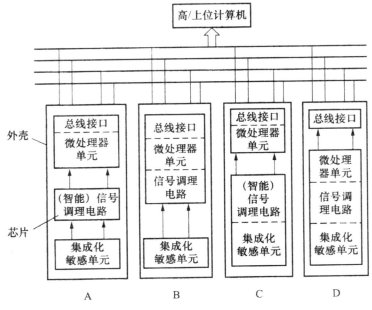

图 3-3　智能传感器的混合实现原理

集成化敏感单元包括弹性敏感元件及变换器;信号调理电路包括多路开关、仪器放大器、A/D,转换器;微处理器单元包括数字存储(EPROM、ROM、RAM)、I/O 接口、微处理器、D/A 等。

3.2 典型的智能技术在传感器中的应用

3.2.1 模糊传感器

1.模糊传感器概述

模糊传感器是近年来出现的智能传感器之一,随着模糊理论技术的不断发展受到许多学者的关注。模糊传感器是在经典传感器的基础上,通过模糊推理与知识集成,以数值或自然语言符号描述的形式输出测量结果的智能传感器。普遍认为模糊传感器是以数值测量为基础的,并能产生和处理与其相关的测量符号信息的装置。具体地说,将被测量值范围划分为若干个区间,利用模糊集理论判断被测量值的区间,并用区间中值或相应符号进行表示,这一过程称为模糊化。对多参数进行综合评价测试时,需要将多个被测量值的相应符号进行组合模糊判断,最终得出测量结果。模糊传感器的一般结构框图如图3-4 所示。信号的符号表示与符号信息系统是研究模糊传感器的核心与基石。

模糊传感器是一种智能测量设备,由简单的传感器和模糊推理器组成,将被测量转换为适于人类感知和理解的信号。由于知识库中存储了丰富的专家知识和经验,它可以通过简单、廉价的传感器测量相当复杂的数据。

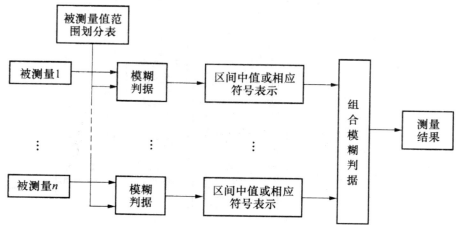

图 3-4 模糊传感器的一般结构框图

2. 模糊传感器的基本功能

模糊传感器作为智能传感器的一类,它也具备智能传感器的基本功能,即学习、推理、联想、感知和通信功能。

(1)学习功能

模糊传感器最重要的功能是学习功能。机器智慧、高级逻辑表达等都是通过学习实现的。模糊传感器与普通传感器的最大区别是前者能够根据测量任务的要求学习有关知识。模糊传感器的学习功能的实现主要有两种途径:一类是有导师学习算法,另一类是无导师学习算法。

(2)推理联想功能

模糊传感器又分为一维传感器与多维传感器。一维传感器主要通过训练时的记忆联想功能从而得到符号化的测量结果。多维传感器主要是通过人类知识的集训实现信息整合、多传感器信息融合与复合概念的符号化表示结果,以上功能的实现正是模糊传感器的推理功能的体现,推理联想功能是通过推理机构与知识库来实现的。

(3)感知功能

模糊传感器与普通传感器的根本区别在于前者不但可以输出数值量,而且可以输出语言符号量。所以模糊传感器必须具备数值/符号转换功能。

(4)通信功能

传感器作为大系统中的一个小系统,所以传感器必须具备与其他系统进行信息交换的功能,这一功能也就是通信功能。

3. 模糊传感器的应用举例

机器人检测障碍物是通过安装在上面的多个超声波传感器实现的,当检测到障碍物的信息后,需要对这些信息进行处理,其中涉及多传感器的信息融合,如图 3-5 所示为多个超声波传感器安装示意图。

模糊逻辑法模仿人脑的思维模式进行综合判断后处理模型未知的系统。通常机器人所处的环境非常复杂,本系统采用模糊逻辑法判断障碍物的位置为例进行说明。

超声波传感器采用 HC-SR04 超声波模块采集障碍物的有关信息,该方法测试范围广、测距精度高。其工作原理可表示如下:

(1)采用 I/O 口 TRIG 触发测距,给至少 10gm 的高电平信号。

(2)HC-SR04 超声波模块自动发送 8 个频率为 40kHz 的方波,并自动检测是否有信号返回。

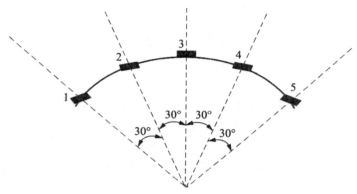

图 3-5　多个超声波传感器安装示意图

（3）如果有信号返回，则通过 I/O 口 ECHO 输出一个高电平，这个高电平持续的时间就是超声波从发出到返回的时间，测试距离＝高电平时间×声速（340m/s）/2。

超声波传感器实物图如图 3-6 所示，VCC 接 5V 电源正极，TRIG 接触发控制信号输入，ECHO 接回响信号输出，GND 接数字地。

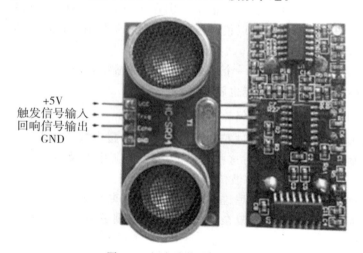

图 3-6　超声波传感器实物图

（1）障碍物信息处理

①障碍物距离模糊化。设定障碍物的距离的模糊集合表示为：｛近，中，远｝。由机器人的行动速度，规定障碍物的距离处于［0m，1m］内的为近距离，

处于[1m,1.5m]内的为中距离,处于[1.5m,＋∞)位置为远距离。设相应的
模糊变量为:N(near)＝近,M(middle)＝中,F(far)＝远。

模糊变量与距离区间对应表如表 3-1 所示。

表 3-1　模糊变量与距离区间对应表

区间	[0m,1m]	[1m,1.5m]	[1.5m,＋∞)
模糊变量	N	M	F

距离隶属函数如图 3-7 所示,其中横坐标为距离,单位为 m;纵坐标表示
隶属度,为 0~1 之间的数。

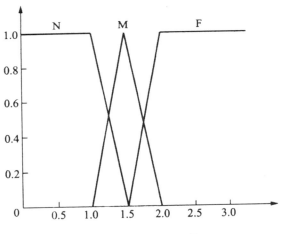

图 3-7　距离隶属函数

②障碍物方向模糊化。设障碍物方向的模糊语言集合为:{左方,左前,前
方,右前,右方};相应的模糊变量为:L(left)＝左方,LF(left front)＝左前,F
(front)＝前方,RF(right front)＝右前,R(right)＝右方。

规定机器人左侧为负,右侧为正。方向隶属函数如图 3-8 所示,图中横坐
标表示方向,单位为(°);纵坐标表示隶属度,为 0~1 之间的数。

1~5 号超声波传感器的隶属度如表 3-2 所示。

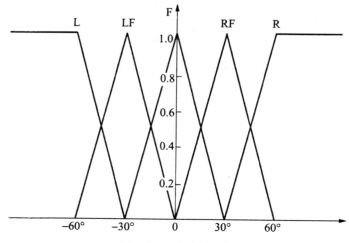

图 3-8   方向隶属函数

表 3-2   1～5 号传感器的隶属度

超声波传感器	L	LF	F	RF	R
1 号	1	0	0	0	0
2 号	0	1	0	0	0
3 号	0	0	1	0	0
4 号	0	0	0	1	0
5 号	0	0	0	0	1

（2）避障决策

①控制规则制定。为便于讨论，这里将障碍物距离小于 1m 视为近距离，超过 1m 视为远距离，当某个方向上的障碍物距离近时才考虑躲避该方向的障碍物。将五个方向上的超声波传感器检测的数据融合之后，做出逻辑判断。

由实际出发，模糊控制语言的集合可表示为｛左转弯，左前转弯，前进，右前转弯，右转弯，停止｝；相应的模糊变量为：TL＝左转弯，TLF＝左前转弯，GA＝前进，TRF＝右前转弯，TR＝右转弯，ST＝停止。

机器人动作的详细规则见表 3-3（优先考虑机器人向左转弯，其中 N 表示障碍物距离近，F 表示障碍物距离远，GA 表示前进，ST 表示停止，TL 表示左转弯，TR 表示右转弯，TLF 表示左前转弯，TRF 表示右前转弯）。

表 3-3　机器人动作的详细规则

左方(L)	左前(LF)	前方(F)	右前(RF)	右方(R)	模糊控制
×	×	F	×	×	GA
N	N	N	N	N	ST
F	N	N	N	N	TL
N	F	N	N	N	TLF
N	N	N	F	N	TRF
N	N	N	N	F	TR
F	F	N	N	N	TLF
F	N	N	F	N	TRF
F	N	N	N	F	TL
N	F	N	F	N	TLF
N	F	N	N	F	TLF
N	N	N	F	F	TRF
F	F	N	F	N	TLF
F	F	N	N	F	TLF
F	N	N	F	N	TRF
N	F	N	F	F	TRF
F	F	N	F	F	TLF

②避障执行。模糊控制量无法直接控制机器人,只有将其清晰化之后转变为精确量后才能实现对机器人的动作的控制。模糊控制量与对应的操作函数如表 3-4 所示。

表 3-4　模糊控制量与对应的操作函数

模糊控制量	对应函数	函数功能
GA	go_ahead()	控制机器人前行
ST	stops()	控制机器人停止
TL	turn_left()	控制机器人左转弯
TR	turn_right()	控制机器人右转弯
TLF	turn_leftfr()	控制机器人左前转弯
TRF	turn_rightfr()	控制机器人右前转弯

当障碍物处于机器人的 1m 之内时,机器人偏离障碍物方向 30°避免了碰撞,然后根据机器人与障碍物的相对位置调整行走路线。机器人前行表示左右电机方向相同、速度相同,机器人停止表示左右电机转动速率为零,机器人左转弯表示向左方 60°方向转弯,右转弯表示向右方 60°方向转弯,左前转弯表示向左方 30°方向转弯,右前转弯表示向右方 30°方向转弯。系统避障部分的程序流程图如图 3-9 所示。

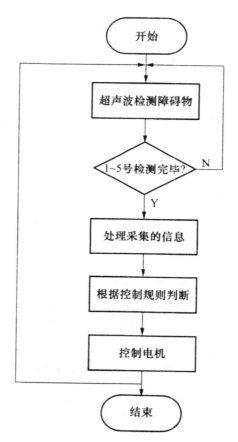

图 3-9 系统避障部分的程序流程图

3.2.2 神经网络技术及其在智能传感器中的应用

1.人工神经网络模型

人工神经网络是由人工建立的以有向图为拓扑结构的动态系统,它通过对连续或断续的输入作状态响应,并进行信息的处理,或者说将大量的基本神经元,通过一定的拓扑结构组织在一起,构成群体并行分布式处理的计算结构。

神经元是神经网络中的基本单元,图 3-10 给出了一个简单的神经元模型。

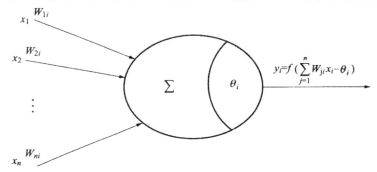

图 3-10　简单的神经元模型

假设 $x, x_2, \cdots, x_n$ 表示第 i 个神经元的 n 个输入;W_{1i} 表示某一神经元与第 i 个神经元的连接权值;A_i 表示第 i 个神经元的输入总和;y_i 表示第 i 个神经元的输出;Q_i 表示第 i 个神经元的阈值。因此,神经元的输出可以描述为

$$y_i = f(A_i) \tag{3.1}$$

$$A_i = \sum_{j=1}^{n} W_{ij} x_j - Q_i \tag{3.2}$$

式中,$f(A_i)$ 为神经元输入-输出关系的函数,称为作用函数或传递函数。常用的作用函数有三种:阈值型、S 型和分段线性型(伪线性型)。

(1)阈值型神经元

阈值型神经元是一种最简单的神经元,由美国心理学家 Mc. Culloch 和数学家 Pitls 共同提出. 因此,通常称为 M-P 模型。

M-P 模型神经元是二值型神经元,其输出状态取值为 1 或 0,分别代表神经元的兴奋状态和抑制状态。其数学表达式为

$$y_i = f(A_i) = \begin{cases} 1, A_i > 0 \\ 0, A_i \leqslant 0 \end{cases} \tag{3.3}$$

对于 M-P 模型神经元,权值 W_{ji} 可在 $(-1, 1)$ 区间连续取值,取负值表示抑制两神经元间的连接强度,取正值表示加强。

(2)S 型神经元模型

这是常用的一种连续型神经元模型,输出值是在某一范围内连续取值的。输入—输出特性多采用指数函数表示,用数学公式表示如下

$$y_i = f(A_i) = \frac{1}{1 + e^{A_i}} \qquad (3.4)$$

S型作用函数反映了神经元的非线性输入-输出特性,用于多层神经网络的隐层。

（3）分段线性型

神经元的输入——输出特性满足一定的区间线性关系,其输出可表示为

$$y_i = \begin{cases} 0, & A_i > 0 \\ CA_i, & A_i \leqslant 0 \\ 1, & A_{C_i} \end{cases} \qquad (3.5)$$

式中,C、A_C 为常量,多用于输出层。

2. 神经网络结构

如果将大量功能简单的基本神经元通过一定的拓扑结构组织起来,构成群体并行分布式处理的计算结构,那么这种结构就是人工神经网络。根据神经元之间连接的拓扑结构的不同,可将神经网络分为两大类:分层网络和相互连接型网络。

（1）分层网络

分层网络将一个神经网络模型中的所有神经元按功能分成若干层,通常有输入层、隐层、输出层,各层按顺序连接,如图 3-11 所示。输入层是网络与外部激励打交道的层面,它接收外部输入信号,并由各输入单元传输给与之相连的隐层各单元;隐层是网络内部处理单元的工作区域,不同模式的处理功能差别主要反映在对中间层的处理上;输出层是网络产生输出矢量,并与外部线束设备说执行机构打交道的界面。

（2）相互连接型网络

相互连接型网络是指网络中任意两个单元之间是可达的,即存在连接路径,如图 3-12 所示。在该网络结构中,对于给定的某一输入模式,由某一初始网络参数出发,在一段时间内网络处于不断改变输出模式的动态变化中,最后,网络可能进入周期性振荡状态。因此,相互连接线网络可以认为是一种非线性动力学系统。

3. 神经网络在智能传感器中的应用

在自动检测系统中,我们总是期望系统的输出与输入之间为线性关系,但在工程实践中,大多数传感器的特性曲线都存在一定的非线性度误差,所以传感器在使用过程中要进行线性化及补偿。传感器的线性化及补偿分为硬件和

软件两种途径。随着人工神经网络的发展,它的能映射非线性函数并具有较强的推广能力,为解决传感器的非线性及补偿问题提供了新的途径。

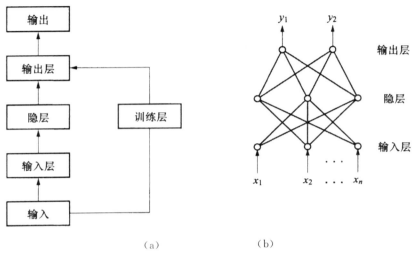

（a）　　　　　　　　　（b）

图 3-11　分层网络功能层次

(a)流程图;(b)结构图

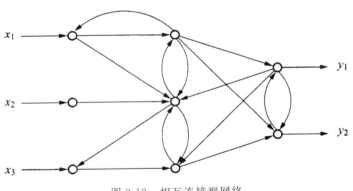

图 3-12　相互连接型网络

这里利用三层 BP 神经网络来完成非线性函数的逼近任务,利用神经网络良好的非线性映射能力,通过实验数据训练神经网络,使网络逐步调节层间的连接权,逼近非线性函数。样本数据见表 3-5。

表 3-5　样本数据

输入 X	输出 D	输入 X	输出 D	输入 X	输出 D
−1.0000	0.9231	−0.3000	−0.2433	0.4000	0.2458
−0.9000	0.8001	−0.2000	0.4235	0.5000	0.4651
−0.8000	0.6892	−0.1000	−0.6013	0.6000	0.6416
−0.7000	0.5422	0	−0.6800	0.7000	0.6059
−0.6000	0.3113	0.1000	−0.7532	0.8000	0.4055
−0.5000	0.1556	0.2000	−0.5385	0.9000	0.2399
−0.4000	−0.1006	0.3000	0.0568	1.0000	0.1181

由表 3-5 可看到期望输出的范围是 $(-1,1)$，所以利用双极性 Sigmoid 函数作为转移函数。其 MATIAB 实现代码如下：

```
clear;
clc;
X= - 1:0.1:1;
D= [0.9231 0.8001 0.6892 0.5422 0.3113 0.1556- 0.1006…
- 0.2433- 0.4235- 0.6013- 0.6800- 0.7532- 0.5385…
0.0568 0.2458 0.4651 0.6416 0.6059 0.4055 0.2399 0.1181];
figure(1);
plot(X,D,'* ');%绘制原始数据分布图
net= newff([- 1 1],[5 1],{'tansig','tansig'});
net.trainParam.epochs= 150;%训练的最大次数 net.trainParam.goal= 0.002;%
全局最小误差
net= train(net,X,D);
O= sim(net,X);
figure:
plot(X,D,'* ',X,O)plot(x,D,'* ',X,O);%绘制训练后得到的结果和误差曲线
legend('样本数据','神经网络逼近曲线');
xlabel('X');
ylabel('D');
V= net.iw{1,1};
thetal= net.b{1};
W= net.lw{2,1};
theta2= net.b{2};
```

经过人工神经网络算法,能够实现对有限个离散样本点的很好的逼近。人工神经网络算法样本点的逼近曲线如图 3-13 所示。

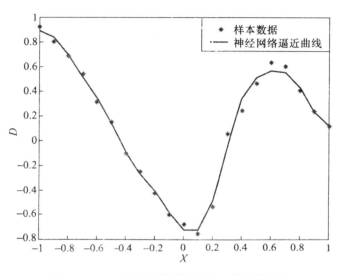

图 3-13　人工神经网络算法样本点的逼近曲线

3.2.3　小波分析及其在智能传感器系统中的应用

1. 小波分析基础

(1)小波分析与短时 Fourier 变换

短时 Fourier 变换,即时间信号加窗后的 Fourier 变换,其定义为

$$\omega_{b}F(\omega) = \int_{-\infty}^{\infty} e^{-j\omega t} f(t) \overline{\omega(t-b)} \mathrm{d}t \tag{3.6}$$

式中,$\omega(t)$ 为一个窗口函数。

窗口函数 $\omega(t)$ 的中心 t^* 与半径 $\Delta\omega$ 分别定义为

$$t^* = \frac{1}{||\omega||^2} \int_{-\infty}^{\infty} t |\omega(t)|^2 \mathrm{d}t \tag{3.7}$$

$$\Delta\omega = \frac{1}{||\omega||^2} \left\{ \int_{-\infty}^{\infty} (t-t^*) |\omega(t)|^2 \mathrm{d}t \right\}^{1/2} \tag{3.8}$$

这时,$\omega_{b}F(\omega)$ 给出了时间信号在时间窗的局部信息

$$[t^* + b - \Delta\omega, t^* + b + \Delta\omega] \tag{3.9}$$

如果把短时 Fourier 变换中的窗口函数 $\omega_{\omega,b(t)}$ 替代为 $\psi_{d,b(t)}$,其中

$$\psi_{a,b(t)} = |a|^{-1/2} \psi\left(\frac{t-b}{a}\right) \tag{3.10}$$

那么式(3.6)变为

$$\omega_\psi f(a,b) = |a|^{-1/2} \int_{-\infty}^{\infty} f(t) \overline{\psi\left(\frac{t-b}{a}\right)} \mathrm{d}t \tag{3.11}$$

此式即为小波变换定义式。

对应于式(3.11)，小波逆变换为

$$f(t) = \frac{1}{C_\psi} \int_{-\infty}^{\infty} \int_{-\infty}^{\infty} \frac{1}{a^2} \omega_\psi f(a,b) \psi\left(\frac{t-b}{a}\right) \mathrm{d}b \mathrm{d}a \tag{3.12}$$

比较式(3.6)与式(3.11)，可以看到短时 Fourier 变换与小波变换之间的类似性，它们都是函数 $f(t)$ 与另一个具有两个指标函数族的内积。

对于 $\psi(t)$ 的一个典型的选择是

$$\psi(t) = (1-t^2)\exp\left(-\frac{t^2}{2}\right) \tag{3.13}$$

它是 Gauss 函数二阶导数，有时称这个函数为墨西哥帽函数，因为形状像墨西哥帽的截面。墨西哥帽函数在时间域与频率域都有很好的局部化功能，函数图形如图 3-14 所示。

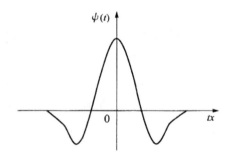

图 3-14　墨西哥帽函数图形

短时 Fourier 变换与小波变换之间的不同可由窗口函数的图形来说明，如图 3-15 所示。对于 $\omega_{\omega,b}$，不管 ω 值的大小，具有同样的宽度；相比之下，$\psi_{\omega,b}$ 在高频($1/a$ 相当于 Fourier 变换中的 ω，a 越大，频率越低)时很窄，低频时很宽。因此，在很短暂的高频信号上，小波变换能比窗口 Fourier 变换更好地进行"移近"观察。

(2)离散小波

如果 a,b 都是离散值。这时，对于固定的伸缩步长 $a_0 \neq 0$，可选取 $a = a_0^m$，

$m \in Z$,不失一般性,可假设 $a_0 > 0$ 或 $a_0 < 0$。在 $m=0$ 时,取固定的 $b_0 (b_0 > 0)$ 整数倍离散化 b,选取 b_0 使 $\psi(x-nb_0)$ 覆盖整个实轴,选取 $a=a_0^m, b=nb_0a_0^m$ 其中 m,n 取遍整个整数域,而 $a_0 > 1, b_0 > 0$ 是固定的。于是,相应的离散小波函数族为

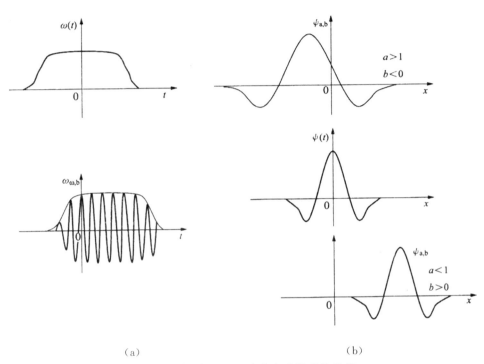

（a）　　　　　　　　　　　　　　（b）

图 3-15　短时 Fourier 变换与小波变换比较

(a)窗口 Fourier 变换函数 $\omega_{\omega,b}$ 的形状;(b)小波 $\psi_{a,b}$ 的形状

$$\psi_{m,n}(t) = a_0^{-m/2} \psi\left(\frac{x-nb_0a_0^m}{a_0^m}\right) = a_0^{-m/2} \psi(a_0^{-m}x - nb_0) \tag{3.14}$$

对应的离散小波变换系数为

$$C_{m,n} = \int_0^\infty f(t)\psi_{m,n}^*(t)\mathrm{d}t \tag{3.15}$$

离散小波逆变换为

$$f(t) = C \sum_{-\infty}^{\infty} \sum_{-\infty}^{\infty} C_{m,n}\psi_{m,n}(t) \tag{3.16}$$

式中,C 为常数。

（3）小波级数

对应于 Fourier 级数的定义

$$f(x) = \sum_{k=-\infty}^{\infty} F(k\omega_0)e^{jk\omega_0 t} \quad k = 0, \pm 1, \cdots \tag{3.17}$$

式中：$F(k\omega_0) = \dfrac{1}{T}\displaystyle\int_t^{t+T} f(x)\mathrm{e}^{-jk\omega_0 t}$。

同样可以定义小波级数

$$f(x) \sum_{j,k\in ZZ} c_{j,k\psi j,k}(x) = \sum_{j,k\in ZZ} d_{j,k\widetilde{\psi} j,k}(x) \tag{3.18}$$

式中：两个无限级数为"小波级数"，并且是 $L^2(R)$ 收敛的，即 $c_{j,k}$ 和 $d_{j,k}$ 的绝对值随着 j 和 k 的增大，最终趋于 0；$f(x)$ 在实数域内能量有限。

（4）多分辨分析

① 多分辨分析的概念。如何由 $f(x)\in L^2(R)$ 出发,使由 $f_{k,n}(x)$ 张成 $L^2(R)$ 的闭子空间

$$V_k = cl\ os_{L2(R)}\{\varphi_{k,n}(x)n\in ZZ\} \tag{3.19}$$

$\{f(x-n):n\in ZZ\}$ 是 V_0 的一个 Riezz 基,$f(x)$ 称为尺度函数,这就是多分辨分析。

设 $f(x)$ 生成一个多分辨分析 $\{V_k\}$,由于 $f(x)\in V_0\subset V_1$,所以 $f(x)$ 可以用 V_1 的基底 $\{f_{1,n}:n\in ZZ\}$ 表示。由于 $\{f_{1,n}:n\in ZZ\}$ 是 V_1 的一个 Riezz 基,因此存在唯一 l^2 序列 $\{p_n\}$,即离散的,且其平方和为有限值的 $\{p_n\}$,使

$$\varphi(\mathrm{x}) = \sum_{n=-\infty}^{\infty} p_n\varphi(2x-n) \tag{3.20}$$

式(3.20)即为函数 $f(x)$ 的两尺度关系,系列 $\{p_n\}$ 称为两尺度序列。

对于模为 1 的复数 z,引入如下记号

$$P(z) = \frac{1}{2}\sum_{n=-\infty}^{\infty} p_n z^n \tag{3.21}$$

称为序列 $\{p_n\}$ 的符号。对式(3.14)两边作 Fourier 变换,则得到两尺度关系式

$$\hat{\varphi}(\omega) = P(z)\hat{\varphi}\left(\frac{\omega}{2}\right), z = \mathrm{e}^{-j\omega/2} \tag{3.22}$$

同样的,由于 $\psi(x)\in W_0\subset V_1$,因此存在唯一 l^2 序列 $\{q_n\}$,使

$$\psi(x) = \sum_{n=-\infty}^{\infty} q_n\varphi(2x-n) \tag{3.23}$$

引入序列 $\{q_n\}$ 的符

$$Q(z) = \frac{1}{2}\sum_{n=-\infty}^{\infty} q_n z^n \tag{3.24}$$

对式(3.23)两边做 Fourier 变换，类似地得到

$$\hat{\psi}(\omega)=Q(z)\hat{\varphi}\left(\frac{\omega}{2}\right), z=e^{-j\omega/2} \tag{3.25}$$

②分解算法与重构算法。由前所述可知，对于 $f(x)\in L^2(R)$，它有唯一分解

$$f(x)=\sum_{k=\infty}^{\infty}g_k(x)=\cdots+g_{-1}(x)+g_0(x)+g_1(x)+\cdots \tag{3.26}$$

式中：$g_k(x)\in W_k$。令 $f_k(x)\in V_k$，则有

$$f_k=g_{k-1}(x)+g_{k-2}(x)+\cdots \tag{3.27}$$

并且

$$f_k(x)=g_{k-1}(x)+f_{k-1}(x) \tag{3.28}$$

令

$$M(z)=\begin{bmatrix} P(z) & P(-z) \\ Q(z) & Q(-z) \end{bmatrix}$$

在 $|z|=1$ 上，作函数

$$G(z)=\frac{Q(-z)}{\det M(z)}, H(z)=\frac{-P(z)}{\det M(z)}$$

则

$$M^{\mathrm{T}}(z)^{-1}=\begin{bmatrix} G(z) & G(-z) \\ H(z) & H(-z) \end{bmatrix} \tag{3.29}$$

对于符号 $G(z)$、$H(z)$ 的序列 $\{g_n\}, \{h_n\}\in l^1$，存在如下的分解关系式

$$\varphi(2x-l)=\frac{1}{2}\sum_{n=-\infty}^{\infty}\{g_{2n-l}\varphi(x-n)+h_{2n-l}\psi(x-n)\}, l\in ZZ \tag{3.30}$$

若令 $a_n=g-n/2, bn=h-n/2$，则式(3.30)变成

$$\varphi(2x-l)=\sum_{n=-\infty}^{\infty}\{a_{l-2n}\varphi(x-n)+b_{l-2n}\psi(x-n)\} \tag{3.31}$$

$$l=0, \pm 1, \pm 2, \cdots$$

为计算方便及以免产生混淆，有

$$f_k(x)=\sum_{j=-\infty}^{\infty}c_{k,j}\varphi(2^kx-j) \tag{3.32}$$

$$\varphi(2x-l)=\frac{1}{2}\sum_{n=-\infty}^{\infty}\{g_{2n-l}\varphi(x-n)+h_{2n-l}\psi(x-n)\}, l\in ZZ \tag{3.33}$$

在 $c_{k,j}$、$d_{k,j}$ 中，k 代表分解的"水平"，即分解的层次。

对于每个 $f(x) \in L^2(R)$，固定 $N \in ZZ$，设 f_N 是 f 在空间 V_N 上的投影，有

$$f_N = \text{proj} V_N f \qquad (3.34)$$

可以把 V_N 看作是"抽样空间"，而把 f_N 看作 f 在 V_N 上的"数据"（或者说测量采样值）。由于

$$V_N = W_{N-1} + V_{N-1} = W_{N-1} + W_{N-2} + \cdots + W_{N-M} + V_{N-M} \qquad (3.35)$$

因此，$f_N(x)$ 有唯一分解

$$f_N(x) = g_{N-1}(x) + g_{N-2}(x) + \cdots + g_{N-M} + f_{N-M} \qquad (3.36)$$

对于固定的 k，由 $\{c_{k+1,n}\}$ 求 $\{c_{k,n}\}$、$\{d_{k,n}\}$ 的算法称为分解算法。应用分解关系式（3.31）有

$$
\begin{aligned}
f_{k+1}(x) &= \sum_{l=-\infty}^{\infty} c_{k+1,l} \varphi(2^{k+1}x - l) \\
&= \sum_l c_{k+1,l} \Big[\sum_n \{ a_{l-2n} \varphi(2^k x - n) + b_{l-2n} \psi(2^k x - n) \} \Big] \\
&= \sum_n \Big\{ \sum_l a_{l-2n} c_{k+1,l} \Big\} \varphi(2^k - n) + \sum_n \Big\{ \sum_l b_{l-2n} c_{k+1,l} \Big\} \psi(2^k x - n)
\end{aligned}
$$

分解 $f_{k+1}(x) = f_k(x) + g_k(x)$，得到

$$
\sum_n \Big\{ c_{k,n} - \sum_l a_{l-2n} c_{k+1,l} \Big\} \varphi(2^k - n) \\
+ \sum_n \Big\{ d_{k,n} - \sum_l b_{l-2n} d_{k+1,l} \Big\} \psi(2^k - n) = 0 \qquad (3.37)
$$

所以，由 $\{f_{k,n} : n \in ZZ\}$，$\{\psi_{k,n} : n \in ZZ\}$ 的线性无关性和 $V_k \bigcap W_k = \{0\}$，得到分解算法

$$
\begin{cases}
c_{k,n} = \sum_l a_{l-2n} c_{k+1,l} \\
d_{k,n} = \sum_l b_{l-2n} c_{k+1,l}
\end{cases} \qquad (3.38)
$$

分解过程如图 3-16 所示。

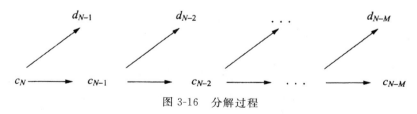

图 3-16　分解过程

在实际计算中，假定取值点所对应的 $f(x)$ 的水平为 N，即

$$f(x) \approx fN$$

对于某个正数 $N(0 \leqslant M \leqslant N)$，信号由 N 水平分解到 $N-M$ 水平，即已知 $\{c_{N,n}\}$，求 $\{d_{k,n}\}$ 和 $\{c_{k,n}\}$，$k = N-1, \cdots, N-M$。同样的，固定 k，由 $\{c_{k,n}\}$、$\{d_{k,n}\}$ 求 $\{c_{k+1,n}\}$ 的算法称为重构算法。应用两尺度关系有

$$f_k(x) + g_k(x) = \sum_l c_{k,l}\varphi(2^k x - l) + \sum_l d_{k,l}\varphi(2^k x - l)$$

$$= \sum_l c_{k,l} \sum_n p_n \varphi(2^{k+1} x - 2l - n)$$

$$+ \sum_l d_{k,l} \sum_n q_n \varphi(2^k x - 2l - n)$$

$$= \sum_l \sum_n (c_{k,l} p_{n-2l} + d_{k,l} q_{n-2l}) \varphi(2^{k+1} x - n)$$

$$= \sum_n \left\{ \sum_l (p_{n-2l} c_{k,l} + q_{n-2l} d_{k,l}) \right\} \varphi(2^{k+1} x - n)$$

因为 $f_k(x) + g_k(x) = f_{k+1}(x)$，有

$$f_{k+1} = \sum_n c_{k+1} \varphi(2^{k+1} x - n) \tag{3.39}$$

及 $\{f_{k+1,n} : n \in ZZ\}$ 的线性无关性，得到重构算法

$$c_{k+1,n} = \sum_l (p_{n-2l} c_{k,l} + q_{n-2l} d_{k,l}) \tag{3.40}$$

重构过程如图 3-17 所示。

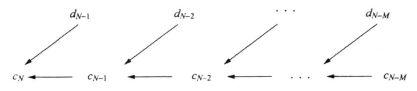

图 3-17　重构过程

2. 小波数字滤波的实现

滤波是信号处理中最为重要的内容之一。由前述有关基于傅里叶变换的滤波器设计的章节可知，经典的滤波设计方法为按照截止频率和相应的信号衰减度等参数指标来设计满足要求的滤波器，其设计步骤非常明确，常用的滤波器甚至不需要设计，直接通过查表即可获得滤波器参数，技术非常成熟。而通过小波分析来实现信号的滤波时，由于小波的种类多，灵活性强，滤波器的设计有别于常规的滤波器设计方法。

（1）工作原理

小波变换在信号消噪中的应用思路同傅里叶变换滤波的应用思路相似，

只不过傅里叶变换的数字滤波是等步长频谱滤波,而小波变换消噪则是二等分频谱滤波,只有进行小波包分解才能实现等步长频谱滤波。由于变换的基波不一样,经典的滤波效果和小波消噪的效果也不一样。在小波消噪处理中,选用的小波不同,消噪效果也不一样。

应用小波分析进行消噪主要涉及小波的分解与重构,下面以一维信号为例来介绍小波消噪的原理。

含有噪声的一维信号可以表示成如下的形式

$$s(i) = f(i) + e(i), i = 0, 1, 2, \cdots, n-1 \tag{3.41}$$

式中,$f(i)$ 为真实信号;$e(i)$ 为高斯白噪声,噪声级为 1;$s(i)$ 为含噪声的信号。

对信号 $s(i)$ 进行消噪的目的就是要抑制信号中的噪声部分,从而在 $s(i)$ 中恢复出真实信号 $f(i)$。在实际工程中,有用信号通常表现为低频信号或是一些比较平稳的信号,而噪声信号则通常表现为高频信号。一般来说,一维信号的消噪算法可以分为以下三个步骤进行。

①对信号进行小波分解。选择一个小波并确定一个小波分解的层次 N,然后对信号 s 进行 N 层小波分解。分解过程如图 3-16 所示,分解算法见式(3.38)。

信号处理与分析的实质是信号与不同频率基波的相关运算,滤波也不例外。经典滤波器的设计是基于傅里叶变换的,其基波是正弦波。

用小波分析来进行滤波也是一样,唯一的区别在于把正弦波改成了所选的小波。小波种类多、选择范围广,一方面,使得小波分析灵活性强;但另一方面,所选小波对最后的滤波效果带来直接的影响,若选择不好,滤波效果就不会很理想。既然滤波的本质也是基于信号的相关运算,那么所选的小波的波形自然越接近期望信号的波形就越好。对于波形平滑的期望信号,应选择波形平滑的小波,如 morlet 小波等。

对于经典滤波器来说,所有信号分量的频率可以折算成相对频率,采样频率对应于 2π,离散信号必须满足采样定律,因此最高频率为 π。经典滤波器的截止频率可以选择为任意频率,离散小波分析目前还没有如此成熟的技术,对于一般的小波分析,其高频与低频的划分总是通过二分法进行的,即对于某频率范围内的信号进行一次分解,总是将信号分量等分为高频和低频两部分。因此,其频率不可以设置为任意的频率。

另外,小波分析中基波是所选小波。因此,小波分析中的频率是相对于所选小波而言的,用小波对以采样频率为 f_s 获得的含有噪声的频率为 $f_s/4$ 的正弦波信号分解一次以后,不能认为正弦波的信号依然完全在低频段,这在后续的实例中可以看出。因此,用小波分析来进行信号的滤波,其分解层次与重构系数的选择需要通过试验来确定,无法像经典滤波器设计那样按照一定的步骤来计算。在本例中,分别选择不同分解层次与重构系数来进行滤波 J 以对比滤波的效果。

②系数的阈值量化处理。信号在经过小波分解后,虽然不同的分解系数对应于不同的频段,从理论上来说,用重构滤波器将某频率段的系数重构即可得到该频段的信号,但在信噪比比较高的信号的小波分析中,如果某一个小范围的频率分量分布在另一个频率段内,那么这种方法显然欠妥。此时,可以通过对系数的阈值化处理来解决这样的问题。

③对信号进行重构。用重构滤波器对小波分解后的某些层的系数进行小波的重构,即可以达到消噪的目的。

重构的方式如图 3-17 所示;小波分析的重构算法见式(3.40)。

(2)滤波结果与分析

虽然信号的滤波可以采用 Wden 和 Wdencmp 函数直接实现,但这两个函数往往只能进行低通滤波。为了了解清楚采用小波分析实现滤波的过程,本例采用最初级的小波分解和小波重构函数,得到的结果如图 3-18 所示。

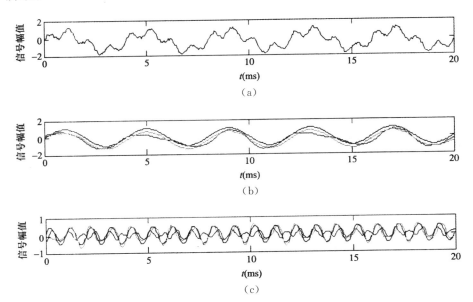

(a)

(b)

(c)

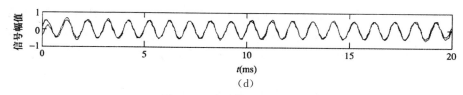

（d）

图 3-18　小波信号提取结果

(a)初始信号；(b)低频正弦波及小波低频系数重构信号 a_0、a_1 波形；

(c)中频正弦波及小波高频系数重构信号 h_1、h_2 波形；

(d)中频正弦波及小波高频系数重构信号 h_3 波形

整个滤波实例的 Matlab 程序代码如下：

```matlab
% 生成模拟混合信号
t= 0:0.05:20;% 生成时间向量
X0= sin(0.5* pi* t);% 生成低频正弦信号,幅值为 1
x1= 0.5* sin(2"pi* t+ 0.2);% 生成中频正弦信号,幅值为 0.5
ns= 0.3* rand(1,length(t))- 0.5;% 生成高频随机噪声,幅值为 0.15
x= x0+ x1+ ns;% 合成信号
% 小波分析
[C,L]= wavedec(x,5,'db5');% 选择"dbS"小波进行小波分解,分解层数为 5
a0= wrcoef('a',c,L,'db5',5);% 对第 5 层的低频系数进行重构
a1= wrcoef('a',c,L,'db5',4);% 对第 4 层的低频系数进行重构
h1= wrcoef('d',c,L,'dbS',4);% 对第 4 层的高频系数进行重构
h2= wrcoef('d',c,L,'db5',3);% 对第 3 层的高频系数进行重构
h3= wrcoef('d',c,L,'db5',3)q-wrcoef('d',c,L,'dbS',4);% 对第 3、4 层的高频系
数进行重构
% 显示信号波形
figure(1)
subplot(4,1,1);% 在 4 行 1 列的图的第 1 个图中显示初始信号
plot(t,x,'k');
xlabel('t(ms)');ylabel('信号幅值');
title('(a)');
subplot(4,1,2);% 在第 2 个图中用点划线显示低频正弦波,用实线显示 a0,用虚线
显示 a1
plot(t,x0,'k',t,a0,'b',t,a1,'c');
xlabel('t(ms)');ylabel('信号幅值');
title('(b)');
subplot(4,1,3);% 在第 3 个图中用点划线显示中频正弦波,用实线显示 h1,用虚线
```

显示 h2

```
plot(t,x1,'k',t,h1,'c',t,h2,'b');
xlabel('t(ms)');ylabel('信号幅值');
title('(c)');
subplot(4,1,4);%在第 4 个图中用点划线显示低频正弦波,用实线显示 h3
plot(t,x1,'k',t,h3,'b');
xlabel('t(ms)');ylabel('信号幅值');
title('(d)');
```

由图 3-18(b)可以看出,a_1 的滤波效果比 a_0 好,a_0 的波形与低频正弦波有较大的差异。从经典滤波技术的角度来说,采样频率为 20000Hz,进行 5 次分解后,低频段的频率范围应为 625Hz,大于低频正弦波频率 250Hz 的两倍,因此,a_0 应该与低频正弦波整体重合,噪声比 a_1 少。而实际上并非如此,其原因就在于经典滤波技术中的单一频率在 db5 小波的频率体系中具有较宽的频率范围。

由图 3-18(c)可以看出,h_1 整体波形与 x_1 一致,但有较大偏差;h_2 与 x_1 明显频率不同,因此,不论 h_1 还是 h_2,都不是 x_1 的理想逼近,也就是说,单纯重构第 4 层或第 3 层的高频系数,作为实现提取 x_1 的小波分析带通滤波器不够理想。但还可以发现,当 h_1 的值比 x_1 的值小的时候,h_2 基本是正的,而当 h_1 大于 x_1 的时候,h_2 大多情况下是负的,因此,将 h_1 和 h_2 相加,或许是 x_1 的一个更好的逼近,也就是说,选择第 4 层和第 3 层的高频系数进行重构,会是提取 x_1 的一个更好的小波带通滤波器。

h_1 和 h_2 相加得到的 h_3 的波形如图 3-18(d)所示。可以看出,结果的确如此,h_3 几乎与 h_1 重合,5～15ms 内,两者的最大偏差为 0.2208,明显小于 h_1 与 x_1 之间的最大偏差 0.3768。从图 3-18(b)～(d)中可以看出,重构信号两端与期望值都有较大差异,这是小波分析的边界效应所致,因此,用小波分析进行滤波,边界部分不可用。要得到较好的滤波效果,输出值前后都必须有足够多的数据,这就使得用小波分析进行滤波和经典滤波一样,都存在相位滞后,不具有实时性。

3.3　无线传感器网络的体系结构

所谓无线传感网是指由几十个到上百个节点组成的,采用无线通讯的通信方式以及动态组网的多跳移动性对等网络。无线传感器网络系统主要包括三个部分,分别是传感器节点、汇聚节点与管理器节点,具体如图 3-19 所示。

　　大量的传感器节点随机布置在监控区域周围,能迅速地通过自组织方式构成网络。传感器节点监测的数据沿着其他传感器节点逐跳进行传输,在传输过程中监测数据可能被多个节点处理,经过多跳后路由到汇聚节点,最后通过互联网或卫星到达管理节点。用户通过管理节点对传感器网络进行配置和管理,发布监测任务及收集监测数据。

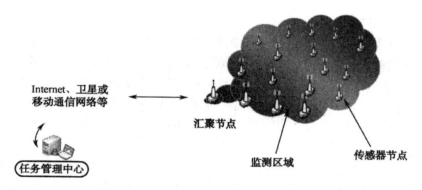

图 3-19　无线传感器网络系统

1. 传感器节点

　　通常传感器的节点的处理能力、存储能力与通信能力都比较弱,供电一般采用小容量电池。从网络功能来看,各传感器节点不仅要处理本地的信息,还要对其他节点传来的信息进行存储、管理与融合,并且还要与其他节点共同完成一些特定的任务,如图 3-20 所示。

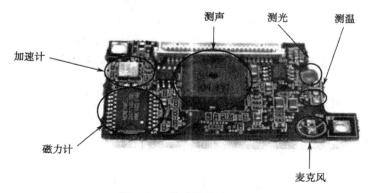

图 3-20　传感器节点实物

传感器节点由四部分组成,分别是传感器模块、处理器模块、无线通信模块和能量供应模块,具体如图 3-21 所示。传感器模块的主要任务是采集监控区域内的信息以及实现数据转换的功能;处理器模块主要任务是对整个传感器的节点进行控制,并对自己采集的以及其他传感器发来的信息进行存储和处理;无线通信模块的主要功能是通信,即与其他节点进行互联互通,并与其他节点交换控制信息以及收发数据;能量供应模块为传感器提供能量,常用的能量供应系统是微型电池。

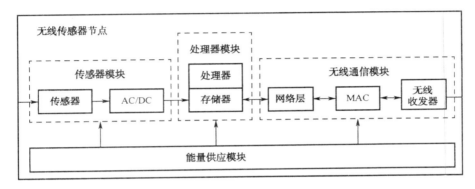

图 3-21　传感器节点

2.汇聚节点

汇聚节点具有较强的存储能力、处理能力与通信能力,在系统中它的作用是连接传感器网络与其他的外部网络(如 Internet),从而实现了两种协议的相互转换,同时它还向传感器节点发送来自管理节点的监测任务,并把 WSN 收集到的数据转发到外部网络上。汇聚节点具有极强的补强功能,它能将 Flash 和 SRAM 中所有的信息传输到计算机中,并通过汇编软件将获取的信息转换成汇编文件格式,从而分析出传感器节点存储的程序代码、路由器协议的机密信息。

3.管理节点

管理节点用于动态地管理整个无线传感器网络。传感器网络的所有者通过管理节点访问无线传感器网络的资源。

3.4　无线传感器网络的通信协议

如图 3-22 所示是无线传感器网络的协议栈,它与互联网的五层协议相互对应。协议栈除了具有五层协议,还包括能量管理、移动管理与任务管理。这些管理平台使得传感器的工作更加高效,实现多任务与资源共享。

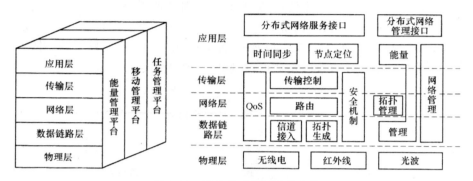

图 3-22　无线传感器网络协议栈

协议栈的五层协议的功能各不相同,具体如图 3-23 所示。

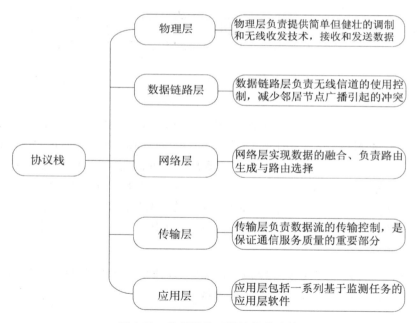

图 3-23　协议栈的五层协议的功能

能量管理主要负责节点对能量的使用,为延长网络存活时间有效地利用能源;拓扑管理的主要任务是保持网络的连通与数据的有效传输;网络管理的主要功能是对网络进行维护、管理与诊断,同时向用户提供网络管理接口;QoS 的主要作用是为应用程序提供足够的资源管理,使它们能够以用户接受的性能指标指示工作;时间同步的作用是为传感器的提供全局同步的时钟支持;节点定位的作用是确定每个传感器的相对位置或绝对位置。

3.5　无线传感器网络的关键技术

无线互联网涉及多个学科与领域,总结起来,它的关键技术有以下几种。

无线传感器网络作为当今信息领域新的研究热点,涉及多学科交叉的研究领域,有非常多的关键技术有待发现和研究,下面仅列出部分关键技术。

1. 网络拓扑控制

对于无线的自组织的传感器网络而言,网络拓扑控制具有特别重要的意义。通过拓扑控制自动生成的良好的网络拓扑结构,能够提高路由协议和MAC 协议的效率,可为数据融合、时间同步和目标定位等很多方面奠定基础,有利于节省节点的能量来延长网络的生存期。所以,拓扑控制是无线传感器网络研究的核心技术之一。

传感器网络拓扑控制目前主要研究的问题是在满足网络覆盖度和连通度的前提下,通过功率控制和骨干网节点的选择,剔除节点之间不必要的无线通信链路,生成一个高效的数据转发的网络拓扑结构。拓扑控制可以分为节点功率控制和层次型拓扑结构形成两个方面。功率控制机制调节网络中每个节点的发射功率,在满足网络连通度的前提下,减少节点的发送功率,均衡节点单跳可达的邻居数目;已经提出了 COMPOW 等统一功率分配算法,LINT/LILT 和 LMN/LMA 等基于节点度数的算法,CBTC、LMST、RNG、DRNG和 DLSS 等基于邻近图的近似算法。层次型的拓扑控制利用分簇机制,让一些节点作为簇头节点,由簇头节点形成一个处理并转发数据的骨干网,其他非骨干网节点可以暂时关闭通信模块,进入休眠状态以节省能量;目前提出了TopDisc 成簇算法,改进的 GAF 虚拟地理网格分簇算法,以及 LEACH 和HEED 等自组织成簇算法。除了传统的功率控制和层次型拓扑控制,人们也提出了启发式的节点唤醒和休眠机制。该机制能够使节点在没有事件发生时设置通信模块为睡眠状态,而在有事件发生时及时自动醒来并唤醒邻居节点,形成数据转发的拓扑结构。这种机制重点在于解决节点在睡眠状态和活动状态之间的转换问题,不能够独立作为一种拓扑结构控制机制,因此需要与其他拓扑控制算法结合使用。

2. 网络协议

由于传感器节点的计算能力、存储能力、通信能量以及携带的能量都十分有限，每个节点只能获取局部网络的拓扑信息，其上运行的网络协议也不能太复杂。同时，传感器拓扑结构动态变化，网络资源也在不断变化，这些都对网络协议提出了更高的要求。传感器网络协议负责使各个独立的节点形成一个多跳的数据传输网络，目前研究的重点是网络层协议和数据链路层协议。网络层的路由协议决定监测信息的传输路径；数据链路层的介质访问控制用来构建底层的基础结构，控制传感器节点的通信过程和工作模式。

在无线传感器网络中，路由协议不仅关心单个节点的能量消耗，更关心整个网络能量的均衡消耗，这样才能延长整个网络的生存期。同时，无线传感器网络是以数据为中心的，这在路由协议中表现得最为突出，每个节点没有必要采用全网统一的编址，选择路径可以不用根据节点的编址，更多的是根据感兴趣的数据建立数据源到汇聚节点之间的转发路径。目前提出了多种类型的传感器网络路由协议，如多个能量感知的路由协议，定向扩散和谣传路由等基于查询的路由协议，GEAR 和 GEM 等基于地理位置的路由协议，SPEED 和 ReInForM 等支持 QoS 的路由协议。

传感器网络的 MAC 协议首先要考虑节省能源和可扩展性，其次才考虑公平性、利用率和实时性等。在 MAC 层的能量浪费主要表现在空闲侦听、接收不必要数据和碰撞重传等。为了减少能量的消耗，MAC 协议通常采用"侦听/睡眠"交替的无线信道侦听机制，传感器节点在需要收发数据时才侦听无线信道，没有数据需要收发时就尽量进入睡眠状态。近期提出了 S-MAC、T-MAC 和 Sift 等基于竞争的 MAC 协议，DEANA、TRAMA、DMAC 和周期性调度等时分复用的 MAC 协议，以及 CSMA/CA 与 CDMA 相结合、TDMA 和 FDMA 相结合的 MAC 协议。由于传感器网络是应用相关的网络，应用需求不同时，网络协议往往需要根据应用类型或应用目标环境特征定制，没有任何一个协议能够高效适应所有的不同的应用。

3. 网络安全

无线传感器网络作为任务型的网络，不仅要进行数据的传输，而且要进行数据采集和融合、任务的协同控制等。如何保证任务执行的机密性、数据产生的可靠性、数据融合的高效性以及数据传输的安全性，就成为无线传感器网络安全问题需要全面考虑的内容。

为了保证任务的机密布置和任务执行结果的安全传递和融合，无线传感器网络需要实现一些最基本的安全机制:机密性、点到点的消息认证、完整性鉴别、新鲜性、认证广播和安全管理。除此之外,为了确保数据融合后数据源信息的保留,水印技术也成为无线传感器网络安全的研究内容。

虽然在安全研究方面,无线传感器网络没有引入太多的内容,但无线传感器网络的特点决定了它的安全与传统网络安全在研究方法和计算手段上有很大的不同。首先,无线传感器网络的单元节点的各方面能力都不能与目前 Internet 的任何一种网络终端相比,所以必然存在算法计算强度和安全强度之间的权衡问题,如何通过更简单的算法实现尽量坚固的安全外壳是无线传感器网络安全的主要挑战;其次,有限的计算资源和能量资源往往需要系统的各种技术综合考虑,以减少系统代码的数量,如安全路由技术等;另外,无线传感器网络任务的协作特性和路由的局部特性使节点之间存在安全耦合,单个节点的安全泄漏必然威胁网络的安全,所以在考虑安全算法的时候要尽量减小这种耦合性。

无线传感器网络 SPINS 安全框架在机密性、点到点的消息认证、完整性鉴别、新鲜性、认证广播方面定义了完整有效的机制和算法。安全管理方面目前以密钥预分布模型作为安全初始化和维护的主要机制,其中随机密钥对模型、基于多项式的密钥对模型等是目前最有代表性的算法。

4. 时间同步

时间同步是需要协同工作的传感器网络系统的一个关键机制。如测量移动车辆速度需要计算不同传感器检测事件时间差,通过波束阵列确定声源位置节点间时间同步。NTP 协议是 Internet 上广泛使用的网络时间协议,但只适用于结构相对稳定、链路很少失败的有线网络系统;GPS 系统能够以纳秒级精度与世界标准时间 UTC 保持同步,但需要配置固定的高成本接收机,同时在室内、森林或水下等有掩体的环境中无法使用 GPS 系统。因此,它们都不适合应用在传感器网络中。

JeremyElson 和 KayRomer 在 2002 年 8 月的 HotNets-I 国际会议上首次提出并阐述了无线传感器网络中的时间同步机制的研究课题,在传感器网络研究领域引起了关注。目前已提出了多个时间同步机制,其中 RBS、TINY/MINI-SYNC 和 TPSN 被认为是两个基本的同步机制。RBS 机制是基于接收者—接收者的时钟同步:一个节点广播时钟参考分组,广播域内的两个节点分别采用本地时钟记录参考分组的到达时间,通过交换记录时间来实现它们之间的时钟同步。TINY/MINI-SYNC 是简单的轻量级的同步机制:假设节点的时钟漂移遵循线性变化,那么两个节点之间的时间偏移也是线性的,可通过交换寸标分组来估计两个节点间的最优匹配偏移量。TPSN 采用层次结构实现整个网络节点的时间同步：所有节点按照层次结构进行逻辑分级，通过基于发送者—接收者的节点对方式，每个节点能够与上一级的某个节点进行同步，从而实现所有节点都与根节点的时间同步。

5. 定位技术

位置信息是传感器节点采集数据中不可缺少的部分，没有位置信息的监测消息通常毫无意义。确定事件发生的位置或采集数据的节点位置是传感器网络最基本的功能之一。为了提供有效的位置信息，随机部署的传感器节点必须能够在布置后确定自身位置。由于传感器节点存在资源有限、随机部署、通信易受环境干扰甚至节点失效等特点，定位机制必须满足自组织性、健壮性、能量高效、分布式计算等要求。

根据节点位置是否确定，传感器节点分为信标节点和位置未知节点。信标节点的位置是已知的，位置未知节点需要根据少数信标节点，按照某种定位机制确定自身的位置，在传感器网络定位过程中，通常会使用三边测量法、三角测量法或极大似然估计法确定节点位置。根据定位过程中是否实际测量节点间的距离或角度，把传感器网络中的定位分类为基于距离的定位和距离无关的定位。

基于距离的定位机制就是通过测量相邻节点间的实际距离或方位来确定未知节点的位置，通常采用测距、定位和修正等步骤实现。根据测量节点间距离或方位时所采用的方法，基于距离的定位分为基于 TOA 的定位、基于 TDOA 的定位、基于 AOA 的定位、基于 RSSI 的定位等。由于要实际测量节点间的距离或角度，基于距离的定位机制通常定位精度相对较高，所以对节点的硬件也提出了很高的要求。距离无关的定位机制无须实际测量节点间的绝对距离或方位就能够确定未知节点的位置，目前提出的定位机制主要有质心算法、DV-Hop 算法、Amorphous 算法、APIT 算法等。由于无须测量节点间的绝对距离或方位，因而降低了对节点硬件的要求，使得节点成本更适合于大规模传感器网络。距离无关的定位机制的定位性能受环境因素的影响小，虽然定位误差相应有所增加，但定位精度能够满足多数传感器网络应用的要求，是目前大家重点关注的定位机制。

6. 数据融合

传感器网络存在能量约束，减少传输的数据量能够有效地节省能量，因此在从各个传感器节点收集数据的过程中，可利用节点的本地计算和存储能力处理数据的融合,去除冗余信息,从而达到节省能量的目的。由于传感器节点的易失效性,传感器网络也需要数据融合技术对多份数据进行综合,提高信息的准确度。

数据融合技术可以与传感器网络的多个协议层次进行结合。在应用层设计中,可以利用分布式数据库技术,对采集到的数据进行逐步筛选,达到融合的效果;在网络层中,很多路由协议均结合了数据融合机制,以期减少数据传输量;此外,还有研究者提出了独立于其他协议层的数据融合协议层,通过减少 MAC 层的发送冲突和头部开销达到节省能量的目的,同时又不损失时间性能和信息的完整性。

数据融合技术已经在目标跟踪、目标自动识别等领域得到了广泛的应用。在传感器网络的设计中,只有面向应用需求设计针对性强的数据融合方法,才能最大限度地获益。数据融合技术在节省能量、提高信息准确度的同时,要以牺牲其他方面的性能为代价。首先是延迟的代价,在数据传送过程中寻找易于进行数据融合的路由、进行数据融合操作、为融合而等待其他数据的到来,这三个方面都可能增加网络的平均延迟。其次是鲁棒性的代价,传感器网络相对于传统网络有更高的节点失效率以及数据丢失率,数据融合可以大幅度降低数据的冗余性,但丢失相同的数据量可能损失更多的信息。

7.其他关键技术

随着传感器网络技术和相关应用的不断发展,涉及的相关技术也越来越多,如数据管理、无线通信技术、嵌入式操作系统、应用层技术等。此外,无线传感器网络所采用的无线通信技术需要低功耗短距离的无线通信技术。IEEE 颁布的 802.15.4 标准主要针对低速无线个人域网络的无线通信标准,因此,IEEE 802.15.4 也通常作为无线传感器网络的无线通信平台。

3.6　无线传感器网络的应用实践

无线传感器网络的传感及无线连通特性,使其应用领域非常广泛,它特别适合应用在人无法直接监测的及恶劣的环境中,在军事、环境、医疗保健、空间探索、商业应用、城市智能交通和精准农业等多个领域得到应用,并在某些领域已经取得了极大的成功。

1.在手机中的应用

智能手机之所以受到大家的欢迎,与其具有的娱乐功能分不开。智能手机支持那么多的娱乐应用,归根结底在于它里面集成的各类传感器,主要有重力感应器、加速度传感器、陀螺仪、电子罗盘和光线距离感应器等。下面介绍一下各类传感器的用处。

(1)重力感应器

在 iOS、Android 平台中,很多游戏都运用到重力感应器,如极品飞车系列(图 3-24)、现代战争系列等,它们带给用户新鲜的体验。何谓重力感应技术?简单来说它通过测量内部一片重物重力、正交两个方向分力的数值来判别水平方向。

(2)三轴加速度传感器

三轴加速度传感器是手机中另一个非常重要的传感器,可以根据重力感应产生的加速度推算出手机相对于水平面的倾斜度。手机中甩歌功能、微信中摇一摇(图 3-25)都是利用它实现的。此外,游戏中也经常需要用到它,赛车中的漂移触发就是来源于此。

(3)电子罗盘

电子罗盘可以用来感知方位,这在无 GPS 信号或网络状态不好的时候很有用处。它是通过地球磁场来进行分辨的,紧急情况下可以当作指南针使用,感知东、南、西、北方向。

图 3-24　极品飞车系列

(4)三轴陀螺仪

三轴陀螺仪可以利用角动量守恒原理,判别物体在空间中的相对位置、方向、角度和水平变化。著名游戏《现代战争 3》就是靠陀螺仪来进行瞄准射击的。

图 3-25　摇一摇

2. 在环境监测领域的应用

采用传统的方式进行数据采集是比较困难的,而无线传感器网络为野外数据采集提供了极大的方便,如跟踪鸟类的迁徙,检测空气中二氧化碳的含量,预报森林火灾等。此外,无线传感器还能够描述生态的多样性,从而实现对动物的栖息的生态监测。

在丹东典型区域环境遥感监测中,需要将卫星信息与地面监测站、数据传输与处理系统、地理信息系统(GIS)结合,实现对区域环境准确、客观、动态、简捷、快速的监测,为环境监控提供科学数据。采用多源卫星遥感数据融合技术,作为增强遥感信息的重要手段。数据融合可克服云层、大气及植被覆盖造成的影响,使难以识别的地形、地貌便于解译,也便于卫星数据进一步应用在研究区卫星影像图编制过程中。为清晰反映河口悬浮泥沙对鸭绿江入黄海口污染影响的效果,提高图像地面分解力和清晰度,使反差增强,采用不同波段合成图像与数据融合,取得了图像信息增强和更加清晰的效果,为鸭绿江河口区汞等重金属污染得到有力的佐证。

3. 在医疗监护中的应用

无线传感器网络具有十分广阔的应用前景,在军事国防、工农业控制、生物医疗、环境监测、抢险救灾、危险区域远程控制等许多领域都有重要的科研价值和实用价值。

无线传感器网络的心电医疗监护系统,在住院监护病人身上安装心电监护节点,利用无线传感器网络,医生可以通过 PDA 或计算机随时了解被监护病人的病情并进行及时处理,还可以利用无线传感器网络长时间地收集监护病人的生理数据,这些数据在研制新药品的过程中也是非常有用的,而安装在病人身上的监护节点也不会给人的正常生活带来太多的不便。因此,基于无线传感器网络的心电医疗监护系统(图 3-26)集当代计算机技术、无线传感器网络技术、数字信号处理技术与生物医学工程技术之大成,将为未来远程医疗提供更加方便、快捷的技术实现手段,为临床医学诊断技术的进步做出巨大贡献。

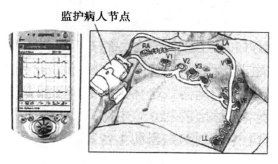

图 3-26　心电医疗监护系统示意图

在基于无线传感器网络的心电医疗监护系统中,监护病人节点以自组织形式构成网络,通过多跳中继方式将监测数据传到 sink 节点,sink 节点再借助 IEEE 802.11b/g 无线通信技术将整个区域内的数据传送到心电信息管理中心进行管理。医生或护士可以利用个人数字处理终端 PDA 或计算机与 sink 节点或管理中心进行通信,获得监护病人的心电生理数据,对监护病人做出及时处理(图 3-27)。

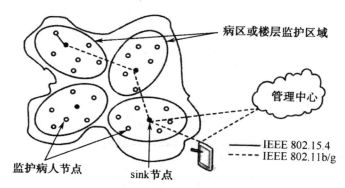

图 3-27　心电医疗监护无线传感器网络体系结构

无线传感器网络节点分为监护病人节点和 sink 节点。监护病人节点硬件由传感输入、数据处理、数据传输和电源四部分组成。sink 节点一般设置在护士站 PC 里,sink 节点与监护病人节点相比去除了传感输入部分,它负责接收各监护节点传送来的数据并将其通过护士站 PC 所带的无线网卡将数据传送给管理中心,在医生或护士查询病人心电信息时,将历史或当前数据发送给 PDA。

医疗监护无线传感器网络心电信息监护系统将心电信息采集和监护普及到所有住院病人,实现对所有住院病人的生理数据采集实时化,传递无线网络化,记录、管理自动化,监护智能化,改变了目前医院住院病人的心电生理参数观测仍然依靠人工测量的状况,有效地提高了医护人员的工作效率和工作质量,进而为医院医疗信息化(CIS)建设做好准备。

4. 在文化遗址保护中的应用

中国的敦煌莫高窟位于戈壁沙漠中的一处崖壁上,是世界上最知名的野外文化遗址之一。1987 年被列入世界文化遗产列表。它有着超过 1500 年的历史。目前,大量文化遗址中的珍贵文物由于不合适的微气象环境而正遭受病害侵袭。例如,莫高窟中壁画发生病害的主要原因之一是洞窟内过高的湿度和二氧化碳浓度(图 3-28)。

图 3-28　莫高窟壁画

因此,微气象环境监测是文化遗址保护工作中不可或缺的重要组成部分。文化遗址保护工作对于微气象环境数据采集有较高的可靠性要求,主要体现在两方面,一是实时的微气象环境数据应尽快地报告给文物保护专家,以便文物保护专家动态调整保护策略,例如,减少游客人数;二是所测得的每个时间点上的数据必须被完整地保存,以便于研究人员分析文化遗址当时的状态,并进一步研究微气象环境在文化遗址病害发生中所起的作用。这种实时和完整的数据采集需求被概括为"数据可靠性"。莫高窟大多数洞窟的四壁和顶部都绘有壁画,甚至部分洞窟的地砖也是文物,在洞窟中部署线缆显然是不合适的。为了实现完全的无线部署,无线传感器网络(Wireless Sensor Network,WSN)技术是非常合适的选择(图 3-29)。基于 WSN 技术的无线环境监测设备可实现极低的功耗,因此可使用电池长期工作。

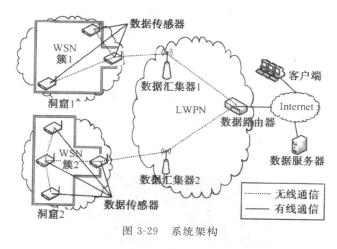

图 3-29　系统架构

洞窟内:WSN。该网络完成洞窟内温度、湿度和二氧化碳浓度的采集和传输。一组被称为数据传感器的以电池作为电源的 WSN 节点被部署到一个洞窟,并组成一个簇。对于一个簇,部署在洞窟入口处的数据传感器将作为簇首节点,而其他的洞窟内节点则作为簇成员节点。一个簇内所有的数据传感器将以一个可配置的周期进行同步间歇工作以节省能量。簇首节点在负责洞窟内无线传感器网络维护的同时,还负责将数据转发到上层网络。

从洞窟到基站:LWPN。LWPN 由多个"数据汇集器"和一个"数据路由器"组成。数据汇集器被部署到洞窟群所在崖壁的前方,并将来自邻近洞窟的微气象环境数据转发到基站处的数据路由器。与洞窟内的网络不同,LWPN 中的节点都被部署在空旷空间内,节点间冲突将较为严重。基于冲突的信道控制策略可能会导致很高的通信失败概率。虽然基于 TDMA 的信道控制策略是无冲突的,但同时也导致了较高的维护开销,如时间同步、时槽分配等。在 LWPN 中,数据路由器负责网络维护,而数据汇集器负责维护与 WSN 簇首节点的连接。

数据共享:Internet。数据路由器通过 LAN 将来自 LWPN 的微气象环境数据推送到数据服务器,数据服务器提供数据存储服务和基于 Web 的操作界面以方便远程数据浏览和分析。

目前部署在莫高窟的系统共覆盖了 57 个典型洞窟,包括如下几点。

(1)部署在 57 个洞窟中的 241 个数据传感器。每个洞窟部署了 3~7 个数据传感器,包括 2~6 个 WSN 簇成员节点和 1 个簇首节点。约有一半游客最为密集的洞窟中各自安装了 1 个 CO_2 数据传感器。簇首节点采集洞窟外的气象数据以与洞窟内的微气象环境进行对比。

(2)洞窟群前的 22 个数据汇集器。这些数据汇集器被部署在洞窟群前的灯柱上以覆盖所有的监测洞窟。它们使用灯柱上的 220V 电源。

(3)位于敦煌研究院的 1 个数据路由器和 1 台数据服务器。部分监测洞窟、数据汇集器和数据路由器部署如图 3-30 所示。

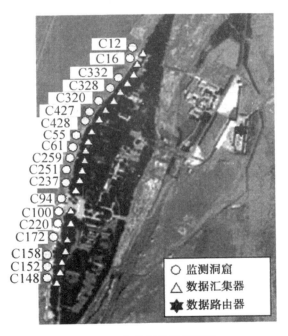

图 3-30　莫高窟的系统部署

5.在交通领域的应用

随着经济的快速发展,生活变得更加快捷,城市的道路也逐渐变得纵横交错,快捷方便的交通在人们生活中占有极其重要的位置,而交通安全问题则是重中之重。城市的道路纵横交错,形成很多交叉口,相交道路的各种车辆和行人都要在交叉口处汇集通过,智能交通中的信号灯控制显示出了越来越多的重要性。

无线传感器网络作为新兴的测控网络技术，是能够自主实现数据的采集、融合和传输等功能的智能网络应用系统。无线传感器网络使逻辑上的信息世界与真实的物理世界紧密结合，从而真正实现"无处不在"的计算模式。虽然汽车由于型号不同而具有不同的结构，但各类汽车中均含有大量的铁磁物质，尤其是汽车底盘均用铁磁材料制造而成。汽车在行驶过程中会对周围的地磁场产生影响，有些汽车甚至可以影响到十几米以外的地球磁场。将磁敏传感器置于道路两侧或路基之下的适当位置便可感应到地磁场的变化，通过磁敏器件的输出信号可以判断出车辆通过的情况，从而实现对车流量进行监测。采用无线传感器网络结合巨磁阻传感器完成交通的智能控制，使相邻十字交叉路口处的无线传感器汇聚节点之间能够进行通信。该系统具有体积小、成本低、便于安装的优点，能够全天候地工作。

传感器采用磁阻传感器，相距 5～10cm，当有车辆通过时，传感器周围的地磁场发生变化，变化的磁场信号经过信号放大后经 A/D 转换器送入微处理器，微处理器便立即启用定时器记录下车辆通过的时刻，然后开始采集后端传感器的输出信号，当检测到车辆后计时器停止计时，重新开始车辆的计数工作，检测下一辆车，系统采用两个传感器能够判断车辆行驶的方向。检测后的信息经处理后发送至收发单元，收发单元将检测信号发送给无线传感器汇聚节点。系统原理框图如图 3-31 所示。

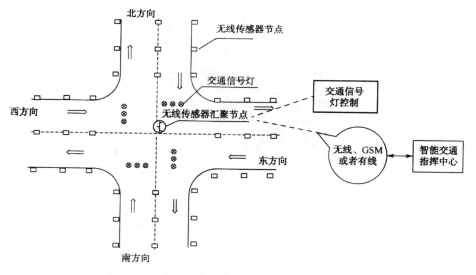

图 3-31　无线传感器网络智能交通控制原理框图

安装在道路边的无线传感器节点实时地检测车道上行经的车辆，并能够由远离信号灯的无线传感器节点实时地检测停留在车道上的排队车辆长度；传感器节点将检测到的信息实时发送给无线传感器汇聚节点；汇聚节点根据道路两边布置的传感器发送来的信息，以路面的实际车辆长度为输入量，输出实际控制延长的绿灯时间，最终实现平面交叉口信号灯的控制（图 3-32）。

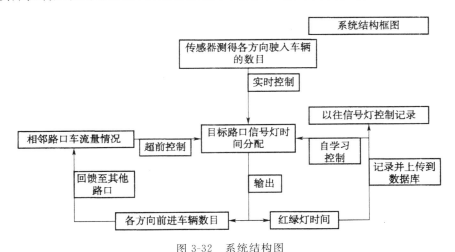

图 3-32　系统结构图

第4章 物联网通信与传输技术

在物联网中,通信与网络传输技术占有重要地位,如果缺少通信和传输,物联网感知层获取的大量物理信息将不会被有效地利用和传递,当然更不能利用这些信息进行更加丰富的应用技术。

4.1 ZigBee 技术

物联网中,布置了大量的节点,这些节点不仅数目众多而且分布广泛,有很多处于室外的采集节点无法连接到电网,所以在进行无线传输的时候,要考虑到带宽、传输距离以及功耗等因素。

在物联网技术出现之初,已有的无线协议很难满足低功耗、低花费、高容错性的要求。此时 ZigBee 技术的产生带来了福音。

ZigBee 无线技术是一种全球领先的低成本、低速率、小范围无线网络标准。ZigBee 联盟是一个基于全球开放标准的研究可靠、高效、无线网络管理和控制产品的联合组织。ZigBee 联盟和 IEEE 802.15.4 WPAN 工作组是ZigBee 和基于 IEEE 802.15.4 的无线网络应用标准的官方来源。

ZigBee 拥有 250kbit/s 的带宽,传输距离可达 1km 以上,并且功耗更小,采用普通 AA 电池就能够支持设备在高达数年的时间内连续工作。近 10 年来,它应用于无线传感器网络中,非常好地完成了传输任务,同样也可以应用在物联网的无线传输中。

4.1.1 ZigBee 的概念

ZigBee 是规定了一系列短距离无线网络的数据传输速率通信协议的标准,主要用于近距离无线连接。基于这一标准的设备工作在 868MHz、915MHz、2.4GHz 频带上。最大数据传输率为 250kbit/s。ZigBee 代表一种成本低、能量消耗小的近距离无线组网通信技术。

4.1.2 ZigBee 协议栈

ZigBee 协议栈架构是建立在 IEEE 802.15.4 标准基础上的。由于 ZigBee

技术是 ZigBee 联盟在 IEEE 802.15.4 定义的物理（Physical Layer，PHY）层和媒体访问控制（Media Access Control Layer，MAC）层基础之上制定的低速无线个域网（LR-WPAN）技术规范，ZigBee 的协议栈的物理（PHY）层和媒体访问控制（MAC）层是按照 IEEE 802.15.4 标准规定来工作的。由此，ZigBee 联盟定义了 ZigBee 协议的网络（Network Layer，NWK）层、应用层（Application Layer，APL）和安全服务规范，如图 4-1 所示。

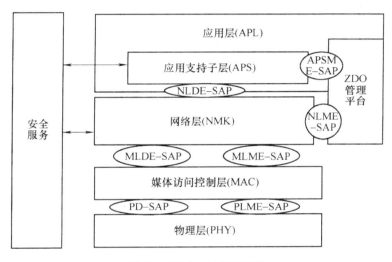

图 4-1　ZigBee 协议栈结构

其中，物理层的主要负责无线收发器的开启和关闭，检测数据传输链路的质量，选择合适的信道，对空闲信道进行评估，以及发送和接收数据包等；媒体访问控制层主要负责信标管理、信道接入、提供安全机制等；网络层的主要负责 ZigBee 网络的组网连接、数据管理以及网络安全服务等；应用层主要负责 ZigBee 技术应用框架的构建。

ZigBee 协议栈中，每层都为其上一层提供两种服务：数据传输服务和其他服务。其中数据传输服务由数据实体提供，其他服务由管理实体提供。

图中 SAP 是指"服务访问点"，是每个服务实体和上层的接口。下层为上层提供某种服务功能要通过 SAP 交换一组服务原语来完成。服务原语是一个抽象的概念，要实现特定服务需要由它来指定需要传递的信息。

1. 物理层

位于 ZigBee 协议栈结构最底层的是 IEEE 802.15.4 物理层，定义了物理无线信道和 MAC 层之间的接口。物理层包括物理层数据服务实体（Physical Layer Data Entity,PLDE）和物理层管理实体（Physical Layer Management Entity,PLME），分别提供物理层数据服务和管理服务。前者是指从无线物理信道上收发数据,后者是指维护一个由物理层相关数据组成的数据库。

（1）物理层参考模型

物理层参考模型如图 4-2 所示。

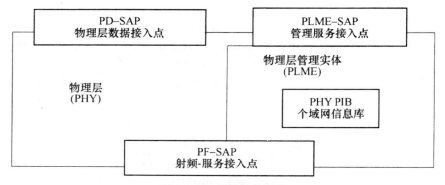

图 4-2　物理层参考模型

管理实体提供的管理服务有:信道能量检测（ED）、链路质量指示（LQI）、空闲信遭评估（CCA）等。

信道能量检测主要测量目标信道中接收信号的功率强度,为上层提供信道选择的依据。信道能量检测不进行解码操作,检测结果为有效信号功率和噪声信号功率之和。

链路质量指示对检测信号进行解码,生成一个信噪比指标,为上层提供接收的无线信号的强度和质量信息。

空闲信道评估主要评估信道是否空闲。

（2）物理层无线信道的分配

根据 IEEE 802.15.4 标准的规定,物理层有 3 个载波频段:868～868.6MHz、902～928MHz 和 2400～2483.5MHz。3 个频段上数据传输速率分别为 20kbit/s,40kbit/s 和 250kbit/s。各个频段的信号调制方式和信号处理过程都有一定的差异。

根据 IEEE 802.15.4 标准,物理层 3 个载波频率段共有 27 个物理信道,编号从 0～26。不同的频段所对应的宽度不同,标准规定 868～868.6MHz 频段有 1 个信道（0 号信道）;902～928MHz 频段包含 10 个信道（1～10 号信道);2400～2483.5MHz 频段包含 16 个信道(11～26 号信道)。每个具体的信道对应着一个中心频率,这些中心频率定义如下:

$$k=0 \text{ 时}, F=868.3\text{MHz}$$
$$k=1,2,\cdots,10 \text{ 时}, F=906+2(k-1)\text{MHz}$$
$$k=11,12,\cdots,26 \text{ 时}, F=2405+5(k-11)\text{MHz}$$

式中,k 为信道编号;F 为信道对应的中心频率。

不同地区的 ZigBee 工作频率不同。根据无线电管理委员会的规定各地标准见表 4-1。

表 4-1　不同地区的 ZigBee 标准

工作频率范围/MHz	国家和地区	调制方式	传输速率/(kbit/s)
868～868.6	欧洲	BPSK	20
902～928	北美	BPSK	40
2400～2483.5	全球	O-QPSK	250

(3)物理层帧结构

不同设备间的数据和命令以包的形式互相传输。包的普通结构如图 4-3 所示。

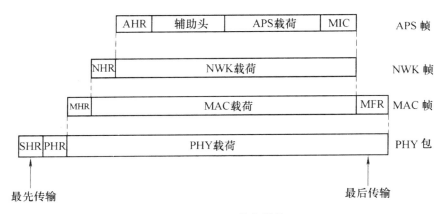

图 4-3　ZigBee 的包结构

物理层包由以下三部分组成:同步头(SHR)、物理层帧头(PHR)和物理层有效载荷,见表 4-2。

同步头使接收机能够同步并锁定数据流,物理层帧头(PHR)包含帧长信息,物理层载荷是由上层提供给接收者的数据或者命令信息。

引导序列:收发信机通过引导序列来获得码片和符号同步,由 32 位全 0 组成。

表 4-2 物理层协议数据单元

字节数:4	1	1	可变长度
引导序列	帧起始分隔符	帧长(7 位)	预留(1 位)	物理层数据包
同步头	物理层帧头(PHR)		有效载荷

帧起始分隔符(Start Frame Delimiter,SFD):表示引导序列的结束和数据帧的开始,是一个 8 位的二进制序列,格式为 11100101。

帧长:指定了物理层数据包中所包含的字节数,它的取值范围从 0～127。

物理层数据包:可变长度的字段,由网络高层提供。表示物理层所要传输的数据。

(4)物理层主要功能

①激活和启动无线发射机。

②检测当前信道的能量。

③受到其他分组链路的质量指示。

④在 CSMA-CA 的基础上对空闲信道进行评估。

⑤选择合理的信道频率。

⑥对数据进行有效传输并完成接收。

(5)2.4GHz 频段的物理层技术

由于我国应用的是 2.4GHz 频段,这里我们简要介绍 2.4GHz 频段的物理层技术。2.4GHz 频段主要采用了十六进制准正交调制技术(O-QPSK 调制)。调制原理如图 4-4 所示。PPDU 发送的信息进行二进制转换,再把二进制数据进行比特—符号映射,每字节按低 4 位和高 4 位分别映射成一个符号数据,先映射低 4 位,再映射高 4 位。再将输出符号进行符号—序列映射,即将每个符号被映射成一个 32 位伪随机码片序列(共有 16 个不同的 32 位码片伪随机序列)。在每个符号周期内,4 个信号位映射为一个 32 位的传输的准正交伪随机码片序列,所有符号的伪随机序列级联后得到的码片再用 O-QPSK 调制到载波上。

图 4-4　2.4GHz 物理层调制方案

2.4GHz 频段调制方式采用的是半正弦脉冲波形的 O-QPSK 调制,将奇位数的码片调制到正交载波 Q 上,偶位数的码片调制到同相载波 I 上,这样,奇位数和偶位数的码片在时间上错开了一个码片周期 T,如图 4-5 所示。

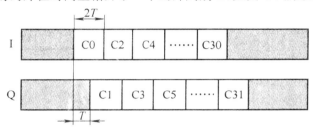

图 4-5　O-QPSK 偏移关系

2. 媒体访问控制层

媒体访问控制(MAC)层处于 ZigBee 协议栈中物理层和网络层两者之间,同样是基于 IEEE 802.15.4 制订的。

(1)MAC 层参考模型

MAC 层参考模型如图 4-6 所示,包括 MAC 层公共部分子层(MCPS)和 MAC 层管理实体(MLME)。

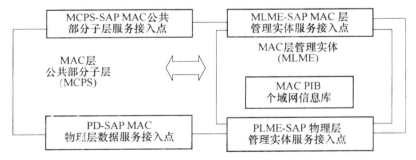

图 4-6　MAC 参考模型

如图 4-6 所示,为 MAC 层参考模型。该层包括如下两部分:MAC 层公共部分子层(MAC Common Part Sublayer,MCPS)和 MAC 层管理实体

(MAC Layer Management Entity,MLME)。前者提供了 MCPS-SAP 数据服务访问点,后者提供了 MLME-SAP 管理服务访问点。

其中,MAC 层公共部分子层服务访问点(MCPS-SAP)主要负责接收由网络层发送的数据,并传送给对等实体。MAC 层管理实体(MLME)主要对 MAC 层进行管理,以及对该层的管理对象数据库(PAN Information Base,PIB)进行维护。物理层管理实体服务接入点(PLME-SAP)主要用于接收来自物理层的管理信息,物理层数据服务接入点(PD-SAP)负责接收来自物理层的数据信息。

(2)MAC 帧类型

IEEE 802.15.4 网络共定义了 4 种 MAC 帧结构:

①信标帧(Beacon Frame);

②数据帧(Data Frame);

③确认帧(Acknowledge Frame);

④MAC 命令帧(MAC Command Frame)。

其中,信标帧用于协调者发送信标,信标是网内设备用来始终同步的信息;数据帧用于传输数据;确认帧用于确定接收者是否成功接收到数据;命令帧用来传输命令信息。

ZigBee 采用载波侦听多址/冲突(CSMA/CD)的信道接入方式和完全握手协议,其数据传输方式如图 4-7 所示。

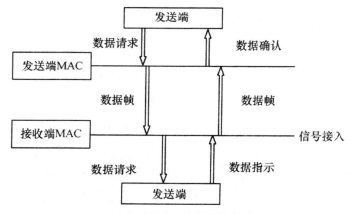

图 4-7 ZigBee 数据传输方式

(3)MAC 层帧结构

MAC 层帧,作为 PHY 载荷传输给其他设备,由 3 个部分组成:MAC 帧头(MHR)、MAC 载荷(MSDU)和 MAC 帧尾(MFR)。MHR 包括地址和安全信息。MAC 载荷长度可变,长度可以为 0,包含来自网络层的数据和命令信息。MAC 帧尾包括一个 16bit 的帧校验序列(FCS),见表 4-3。

表 4-3　MAC 帧的格式

字节数:2	1	0/2	0/2/8	0/2	0/2/8	可变长度	2
帧控制	帧序号	目的 PAN 标识码	目的地址	源 PAN 标识码	源地址	帧有效载荷	FCS
MHR						MSDU	MFR

①帧控制。由 2 字节(16 位),共分 9 个子域。帧控制域各字段的具体含义见表 4-4。

表 4-4　帧控制

位:0～2	3	4	5	6	7～9	10～11	12～13	14～15
帧类型	安全使能	数据待传	确认请求	网内/网标	预留	目的地址模式	预留	源地址模式

②帧序号。帧序号是 MAC 层为帧规定的唯一序列编码。只有在当前帧的序号与上一次进行数据传输帧的序号相同时,才表明已完成数据业务。

③目的/源 PAN 标识码。目的/源 PAN 标识码包含 16 位,该标识码规定了帧接收和发送设备的 PAN 标识符。若目的 PAN 标识符域为 0xFFFF,那么就表示广播 PAN 标识符,为全部侦听信道设备的有效标识符。

④目的/源地址。目的/源地址包括 16 位或 64 位,其数值由帧控制域中的目的/源地址模式子域值规定。其中,目的地址和源地址分别代表帧接收设备和发送设备的域值。

⑤帧有效载荷。帧有效载荷的长度不一,主要受帧类型的影响。

⑥FCS 字段。对 MAC 帧头和有效载荷计算得到的 16 位的 ITU-T CRC。

(4)MAC 层主要功能

根据 IEEE 802.15.4 标准的规定,MAC 层主要功能有:

①协调器能够形成网络信标。

②与网络信标保持同步。

③完成个域网的关联和解关联。

④保证网络中设备的安全性。

⑤对信道接入采用 CSMA-CA。

⑥处理和维护保证时隙(GTS)机制。

⑦能够在两个对等的 MAC 实体之间提供一个可靠通信链路。

3.网络层

网络层(NWK 层)位于 ZigBee 协议栈中 MAC 层和应用层间,如图 4-8 所示,为 ZigBee 网络层与 MAC 层和应用层之间的接口。网络层可以提供数据服务和管理服务。NWK 层数据实体(NLDE)通过 NWK 层数据服务实体服务接入点(NLDE-SAP)向应用层传输数据。管理实体(NLME)通过 NWK 层管理实体服务接入点(NLME-SAP)向应用层提供管理服务,并对 NWK 层信息库(NIB)进行维护工作。

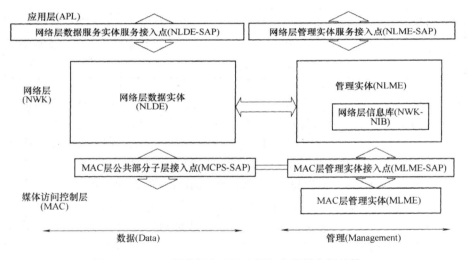

图 4-8 ZigBee 网络层与 MAC 层和应用层之间的接口

(1)网络层参考模型

如图 4-9 所示,为 NWK 层参考模型,主要分为两大部分,分别是 NWK 层数据实体和 NWK 层管理实体。

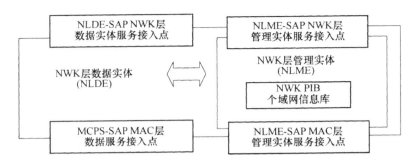

图 4-9　NWK 层参考模型

NWK 层数据实体通过其数据服务传输应用协议的数据单元（APDU），可在某一网络中的不同设备间,提供如下服务：

①对应用支持子层 PDU 设置合理的协议头,从而构成网络协议数据单元（NPDU）。

②根据拓扑路由,把网络协议数据单元发送到目的地址设备或通信链路的下一跳。

（2）网络层帧结构

如图 4-10 所示,为普通网络层帧结构。网络层的帧结构包括帧头和负载,帧头能够表征网络层的特性,负载则是应用层提供的数据单元,其涵盖的内容与帧类型有关,而且长度不等。

①帧控制。帧头的第一部分是帧控制,帧控制决定了该帧是数据帧还是命令帧。帧控制共有 2B,16bit,分为帧类型、协议版本、发现路由、多播标志、安全、源路由、目的 IEEE 地址、源 IEEE 地址子项目。各子域的划分如图 4-11 所示。

②目的地址占 2B,内容为目的设备的 16 位网络地址或者广播地址（0xffff）。

③源地址。占 2B,内容为源设备的 16 位网络地址。

④半径。占 1B,指定该帧的传输范围。如果是接收数据,接收设备应该把该字段的值减 1。

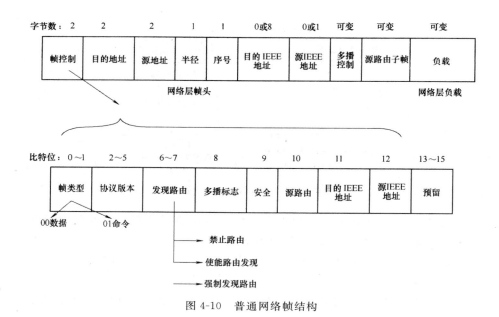

图 4-10　普通网络帧结构

⑤序号。占 8bit。如果设备是传输设备,每传输一个新的帧,该帧就把序号的值加 1,源地址字段和序列号字段的一对值可以唯一确定一帧数据。

帧头中的字段按固定的顺序排列,但不是每一个网络层的帧都包含完整的地址和序号信息字段。

(3)网络层主要功能

①对新设备进行配置。例如,一个新设备可以配制成 ZigBee 网络协调者,也可以被配制成一个终端加入一个已经存在的网络。

②新建网络。

③加入或者退出网络。

④网络层安全。

⑤帧到目的地的路由选择(只有 ZigBee 协调者和路由器具有这项功能)。

⑥发现和保持设备间的路由信息。

⑦发现下一跳邻居节点,不用中继,设备可以直接到达的节点。

⑧存储相关下一跳邻居节点信息。

⑨为入网的设备分配地址(只有 ZigBee 协调器和路由器具有这项功能)。

4. 应用层

ZigBee 协议栈的最上层为应用层,其中有 ZigBee 设备对象(ZigBee Device Object，ZDO)、应用支持子层和制造商定义的应用对象。ZDO 负责规定设备在网络中充当网络协调器还是终端设备、探测新接入的设备并判断其能提供的服务、在网络设备间构建安全关系。应用支持子层(APS)维护绑定表并在绑定设备之间传递信息。

(1)应用层参考模型

如图 4-11 所示，为应用层参考模型。通过 APS 将网络层和应用层连接起来，向系统提供数据服务和管理服务。APS 数据实体通过 APSDE 服务接入点接入网络，从而提供数据服务。APS 管理实体通过 APSME-SAP 接入网络，从而提供管理服务。

在 ZigBee 的应用层中，应用设备中的各种应用对象控制和管理协议层。一个设备中最多可以有 240 个应用对象。应用对象用 APSME-SAP 来发送和接收数据。

ZigBee 设备对象(ZDO)给 APS 和应用架构提供接口。ZDO 包含 ZigBee 协议栈中所有应用操作的功能。

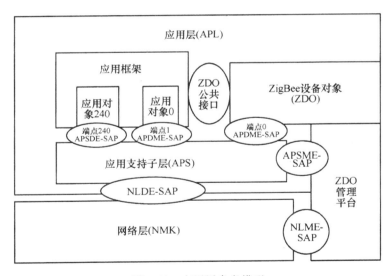

图 4-11　应用层参考模型

(2)应用层主要功能

APS 提供网络层和应用层之间的接口。具有以下功能：

①维护绑定表。

②设备间转发消息。

③管理小组地址。

④把 64bit IEEE 地址映射为 16bit 网络地址。

⑤支持可靠数据传输。

ZDO 的功能：

①定义设备角色。

②发现网络中设备及其应用，初始化或响应绑定请求。

③完成安全相关任务。

4.2 蓝牙技术

4.2.1 蓝牙技术的基本定义

蓝牙(Bluetooth)技术是一种无线数据和音频通信的开放性标准，是一种由在短距离内进行的无线通信。它的一般连接范围是 10m，通过扩展能达到 100m。在该范围内，能够应用此技术的设备可以构建出一个网络，从而实现语音通信或将设备与互联网连接起来。蓝牙标志如图 4-12 所示。

利用蓝牙技术，能够有效地简化移动设备间的通信，也能够简化设备与互联网间的通信，这样能够使数据传输技术更加快速，使无线通信技术有更多的发展空间。

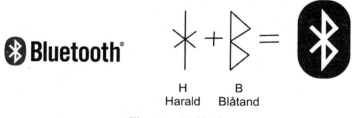

图 4-12　蓝牙标志

4.2.2　架构及研究现状

蓝牙技术的协议结构如图 4-13 所示。整个协议体系结构分为底层硬件模块、中间协议层和高层应用框架三大部分。

1. 底层硬件模块

底层硬件模块包括无线射频(RF)、基带(Baseband，BB)和链路管理(Link Manager，LM)3 层。RF 层通过 2.4GHz 无须授权的 ISM 频段的微波，对数据位流进行过滤和传输,该层协议规定了蓝牙收发器在 ISM 频段能够正常工作需要符合的条件。BB 层主要用来进行跳频操作和传输蓝牙数据和信息帧。LM 层主要用来建立和解除链路连接,进而确保链路的安全性。

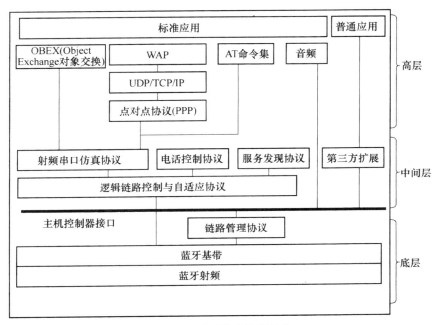

图 4-13　蓝牙技术协议结构

2.中间协议层

中间协议层包括逻辑链路控制与自适应协议(L2CAP)、服务发现协议(SDP)、射频串口仿真协议(Radio Frequency Communication,RFCOMM)和电话控制协议(TCS)4 项。L2CAP 主要完成数据拆装、协议复用等功能,是其他上层协议实现的基础。SDP 为上层应用程序提供了一种机制来发现网络中可用的服务及其特性。RF-COMM 基于 ETSI 标准 TS07.10,在 L2CAP 上仿真 9 针 RS232 串口的功能。TCS 提供蓝牙设备间语音和数据呼叫控制信令。

在 BB 和 LM 上与 L2CAP 之间还有一个主机控制接口层(Host Controller Interface,HCI)。HCI 是蓝牙协议中软硬件之间的接口,它提供了一个调用下层 BB、LM、状态和控制寄存器等硬件的统一命令接口。

3. 高层应用框架

高层应用框架位于蓝牙协议栈的最上部。其中较典型的应用模式有拨号网络(dialup networking)、耳机(headset)、局域网访问(LAN access)、文件传输(file transfer)等。各种应用程序可以通过各自对应的框架实现无线通信。

4.2.3 蓝牙功能模块

通常情况下,Bluetooth 功能依靠模块得以实现,不过具体的实现方式各不相同。一种方法是将 Bluetooth 模块外加到设备上,另一种方法是将其内嵌到设备中。蓝牙系统主要有以下几部分组成。

1. 无线单元

蓝牙的空中接口是在天线电平为 0dBm 的前提下构建的。若全球电平达到 100mW,那么能够通过进行扩展频谱来拓展业务范围。频谱扩展功能是通过起始频率为 2.402GHz、终止频率为 2.480GHz、间隔为 1MHz 的 79 个跳频频点来实现的。

2. 链路控制单元

链路控制单元对基带链路控制器的数字信号处理规范进行了定义,主要通过基带部分得以实现。基带链路控制器能够对基带协议和其他低层协议进行处理。蓝牙基带协议包括电路交换与分组交换。

3. 链路管理和软件功能单元

链路管理(LM)和软件功能单元由链路的数据设置、鉴权、链路硬件配置和其他一些协议等组成。LM 可以及时探测到远端的 LM 并依靠 LMP(链路管理协议)进行数据传输。通过蓝牙设备能够进行一些互操作,对于某些设备来说,需要无线模块、空中协议以及应用层协议等来完成,而对于有些设备,例如耳机,则简单得多。蓝牙设备应能够保证进行相互识别并安装一定的软件来满足更加多样化的性能。

4.3 Wi-Fi 技术

无线高保真(Wireless Fidelity,Wi-Fi)实际上是一种商业认证,具有 Wi-Fi 认证的产品符合 IEEE 802.11 无线网络规范,它是当前应用最为广泛的 WLAN 无线局域网标准。WiFi 的主要特点是传输速率高、可靠性高、建网快速便捷、可移动性好、网络结构弹性化、组网灵活、组网价格较低等。IEEE

802.11 主要用于解决办公室局域网和校园中用户与用户终端的无线连接,其业务主要局限于数据访问,速率最高只能达到 2Mbit/s。由于它在速率和传输距离上都不能满足人们的需要,因此,IEEE 又相继推出了 802.11b、802.11a、802.11g、802.11n、802.11ad、802.11ac 等多个新标准。

4.3.1　Wi-Fi 网络基本结构

IEEE802 工作组定义了首个被广泛认可的无线局域网协议——802.11 协议。协议中指出了 Wi-Fi 的三层结构,如图 4-14 所示,由物理层(PHY)、介质访问接入控制层(MAC 层)及逻辑链路控制层(LLC 层)三部分组成。

802.2LLC(Logical Link Control)				
802.11MAC				
802.11PHY FHSS	802.11PHY DHSS	802.11PHY IR/DSSS	802.11PHY OFDM	802.11PHY DSSS/OFDM
802.11b 11Mbit/s2.4GHz			802.11a 54Mbit/s 5GHz	802.11g 54Mbit/s 2.4GHz

图 4-14　802.11 协议的三层结构

(1)物理层

图 4-14 表明,802.11b 定义了 ISM 上工作频率为 2.4GHz、数据传输率为 11Mbit/s 的物理层;802.11a 定义了 ISM 上工作频率为 5GHz、数据传输率为 54Mbit/s 的物理层;802.11g 定义了 ISM 上工作频率为 2.4GHz、数据传输率为 54Mbit/s 的物理层。

(2)MAC 层

Wi-Fi 标准中有一个适用于所有物理层的 MAC 层,若物理层发生改变,无须调整 MAC 层。该层的功能为,基于共享媒体的前提下,向不同用户提供共享资源。在传输数据前,仅需要发送端调节网络的可用性。

(3)逻辑链路控制层(LLC)

LLC 层与 802.2 的 LLC 层完全相同,且具有 48 位 MAC 地址,从而保证了无线局域网和有限局域网两者间的高效连接。

4.3.2　Wi-Fi 网络组建

Wi-Fi 这一无线联网技术的实现，离不开无线访问节点（Access Point，AP）和无线网卡。与传统的有线网络相比，Wi-Fi 网络的组建在复杂程度和架设费用上都占有绝对的优势。组建无线网络时，仅需要在无线网卡和一台 AP 的基础上，利用原来的有线架构即可进行网络共享。AP 充当的主要角色是，在 MAC 层中连接无线工作站和有线局域网的桥梁。有了 AP，就像一般有线网络的 Hub 一般，无线工作站可以快速且轻易地与网络相连。

尤其是在宽带的实际应用中，Wi-Fi 技术使其更加便利。在接入有线宽带网络（ADSL、小区 LAN 等）后，连接上 AP，再把计算机装上无线网卡，即可共享网络资源。对于普通用户来说，仅需要使用一个 AP 即可，甚至用户的邻里得到授权后，无须增加端口，也能以共享的方式上网，如图 4-15 所示。

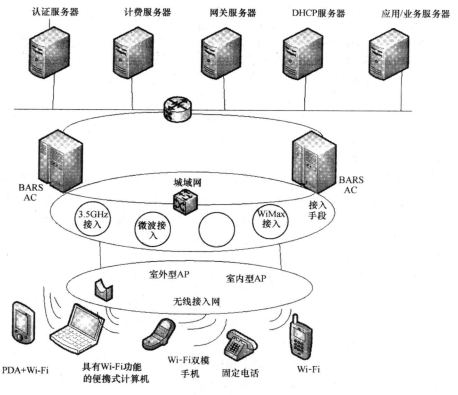

图 4-15　常见的无线网络组建拓扑结构

4.3.3　Wi-Fi 技术的优势

1. 无线电波的覆盖范围广

Wi-Fi 的覆盖范围能达到半径 100m 左右,超过了蓝牙技术的有效范围。

2. 传输速度快

与蓝牙技术相比,Wi-Fi 技术的安全性能较差,通信质量有待提高,不过,其具有较高的传输速度,能够达到 11Mbit/s(802.11b)或者 54Mbit/s(802.11g)。能够适应个人和社会信息化的高速发展,提供高速的数据传输。

3. 无须布线

Wi-Fi 技术的实现避免了网络布线的工作,仅需要 AP 和无线网卡,即可实现某一范围内的网络连接。对于移动办公来说,非常便利,因此,其发展潜力较大。

4. 健康安全

手机的发射功率约 200mW～1W,而且无线网络使用方式并非像手机直接接触人体,应该是绝对安全的。

4.4　超宽带通信

4.4.1　超宽带通信的概念

UWB(Ultra-Wide Band,超宽带)技术具有系统复杂度低、发射功率谱密度低、对信道衰落不敏感、低截获能力、定位精度高等优点。尤其适用于室内等密集多径场所的高速无线接入,非常适用于建立一个高效的无线局域网。基于此,UWB 技术不仅可以缓解传统的无线技术在工业环境的通信质量下降问题,而且增加了带宽,解决了传统无线技术传输速率低,不能适应工业网络化控制系统向多媒体信息传输及监测、控制、故障诊断等多功能一体化方向发展的要求。因此建立基于 UWB 的网络化控制系统的体系结构,使控制网络系统实现定位、信息识别、控制、监测及诊断等一体化,形成真正意义的物联网具有重大的实际应用价值和意义。

超宽带无线通信应用大体上可以分为两类,如表 4-5 所示。超宽带无线通信的网络形式主要是自组织(Ad-Hoc)网络。就对应标准而言,高速率应用对于 IEEE 802.15.3,低速率应用对应于 IEEE 802.15.4。

表 4-5　超宽带无线通信的应用

应用类型 ＼ 特点	数据传输速率	通信距离	应用场景
短距离高速应用	数百 Mbit/s	10m	构建短距离高速 WPAN、家庭无限多媒体网络以及替代高速短程有线连接，如无线 USB 和 DVD 等
中长距离低速率应用	lMbit/s	几十米以上	无线传感器网络和低速率连接

4.4.2　UWB 的架构及研究现状

1.UWB 无线传输系统的基本模型

UWB 无线传输系统的基本模型如图 4-16 所示。总体来看，UWB 系统主要包括发射部分、无线信道和接收部分，与传统的无线发射和接收机结构比较来看，UWB 系统的发射部分和接收部分结构较简单，更加便于实现。对于脉冲发生器而言，其达到发射要求仅需产生 100mV 左右的电压即可，也就是说，并不需要在发生器端安装功率放大器，而仅需要有满足带宽要求的极窄脉冲即可。对于接收端而言，需要经过低噪声放大器，匹配滤波器和相关接收机来处理收集的信号。

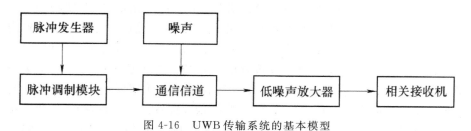

图 4-16　UWB 传输系统的基本模型

2.UWB 的研究现状

UWB 在 10m 以内的范围实现无线传输，是应用于无线个域网（WPAN）的一种近距离无线通信技术。在 UWB 物理层技术实现中，存在两种主流的技术方案：基于正交频分复用（OFDM）技术的多频带 OFDM（MB-OFDM）方案、基于 CDMA 技术的直接序列 CDMA（DS-CDMA）方案。

CDMA 技术广泛应用于 2G 和 3G 移动通信系统,在 UWB 系统中使用的 CDMA 技术与在传统通信系统中使用的 CDMA 技术相比,使用了很高的码片速率,以获得符合 UWB 技术标准的超宽带宽。OFDM 则是应用于 E3G、B3G 的核心技术,具有频谱效率高、抗多径干扰和抗窄带干扰能力强等优点。

UWB 的 MAC 层协议支持分布式网络拓扑结构和资源管理,不需要中心控制器,即支持 Ad-Hoc 或 Mesh 组网,支持同步和异步业务、支持低成本的设备实现以及多个等级的节电模式。协议规定网络以微微网为基本单元,其中的主设备被称为微微网协调者(PNC)。PNC 负责提供同步时钟、QoS 控制、省电模式和接入控制。作为一个 Ad-Hoc 网络,微微网只有在需要通信时才存在,通信结束,网络也随之消失。网内的其他设备为从设备。WPAN 网络的数据交换在 WPAN 设备之间直接进行,但网络的控制信息由 PNC 发出。

3. UWB 与物联网结合的关键技术

在 UWB 技术带来很大便利的同时,又向人们提出了更大的挑战。UWB 技术与正在使用的其他通信系统的工作频段相同,这就需要人们研究它们之间的相互干扰。为了扩大 UWB 技术的应用范围,应从以下关键技术着手进行改善。

(1)规则与标准

作为一项新型的技术,需要对 UWB 系统制定相关规则与标准,从而确保 UWB 系统与其他运行系统间以及不同 UWB 产品间的兼容性。要想使 UWB 技术得到广泛应用,必须制定出一套行之有效的物理层(PHY)和媒体接入控制(MAC)协议标准。将 UWB 与 Ad-Hoc 网两者结合起来,能够扩大 UWB 系统的容量,需要注意的是,为了便于各移动节点的接入和产品间的兼容性,也需要对 Ad-Hoc 网的管理层制定相应的标准。

(2)信号的选择

UWB 具有两种信号,即跳时(TH)信号和直接序列(DS)信号。TH-UWB 信号应用瞬时开关技术形成短脉冲或者少数几个过零点的波形,从而将能量传输至较宽的频域范围。脉冲的传输需要依靠专用宽带天线,其发射速率达每秒几十至几百兆赫,其以随机或伪随机的方式分布。将上述脉冲采取时间编码即可完成多址通信。DS-UWB 信号形成了高占空比宽带脉冲,其发射速率为 Gbit/s。形成的脉冲以每数百 Mbit/s 的速率对数据进行编码,从而实现较高的数据传输速率。

(3)抗干扰技术

在实现 UWB 的过程中应用了频谱重叠技术,这会对运行的同频系统造成一定的干扰。UWB 的发射功率并不高,但也具有较高的瞬时峰值功率,故应对其进行合理的优化,来降低对同频通信系统的影响,可以使用自适应功率控制、占空比优化等方式。由于 UWB 系统传输功率很低,且大部分工作在工业区、商业区或者住宅区等一些环境恶劣的场合,容易受到噪声和其他同频无线电的干扰。

(4)调制、接收技术

UWB 用于军事领域时,并不注重大容量、多用户的问题。而将其用于商业领域时,主要解决的问题正是大容量、多用户的问题。考虑到 UWB 信道的时域特殊性,为了提高用户容量,应采用更为合适的调制技术和编码方法。

UWB 信号具有较宽的信号范围和频率弥散效应。不论是低端信号,还是高端信号都具有不同程度的失真、频散及损耗。除此以外,高速器件具有比低速器件更高的成本。为了有效解决上述问题,应利用信道分割技术。应用此技术还能减少与无线 LAN 使用的 5GHz 频带的干扰,通过在不同区域分配不同波段,来提高信号的传输效率。

在 UWB 产品的天线设计方面,要求是微型、在各种条件下能正常工作、具有超宽频带和一定增益。

(5)信道特性

与窄带无线通信相比,UWB 具有很多不同之处,具体包括调制、编码、功率控制、天线设计等。为了更加有效地分析 UWB 的各项物理性能,应该提出一个合理的、贴近于现实的 UWB 信道模型。

(6)集成电路的开发

UWB 系统具有高于窄带系统几十倍的带宽,其对 UWB 宽带集成电路和高速非线性器件的影响较大,从而对 UWB 技术进一步的发展和应用造成直接影响。

4.5 移动通信

移动通信指的是通信中至少有一方是在移动中实现的无线通信。也就是说,移动通信既可以发生于不同移动装置间,也可以发生与移动装置与固定装置间。自 20 世纪 90 年代以来,我国在移动通信领域有着巨大的进步。

与传统的固定通信相比,移动通信具有与之相同的通信业务,由于后者具有移动性,使得对移动通信的管理更加复杂。另一方面,移动通信需要借助无线电波进行数据传输,因此,较之借助有线媒介的固定通信具有更为复杂的传输环境。

4.5.1　移动通信的分类

移动通信有以下多种分类方法,如图 4-17 所示。

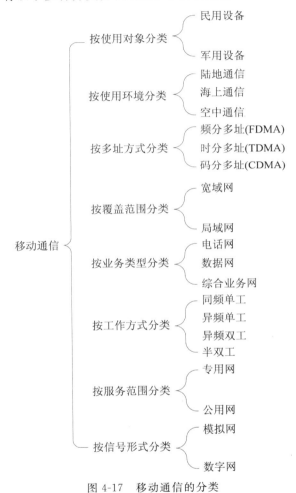

图 4-17　移动通信的分类

下面简要介绍一下分类中的几个主要问题。

1. 工作方式

在移动通信中,按照传输方式可以分为单向广播式传输和双向应答式传输,单向广播式传输一般用于无线电寻呼、遥控、遥测等系统。双向应答式传输一般分为单工、双工和半双工 3 种工作方式。

单工通信，顾名思义，是指消息只能单方向传输的工作方式，通信双方交替进行收、发操作，根据收、发频率的异同，可以分为同频单工和异频单工两种。

双工通信，是指通信双方可以同时进行传输消息的工作方式，平时打电话就是一种双工通信的方式，在说话的同时也可以收听到对方的话音，也就是可以一边听一边说。一般情况下，双工通信使用一对频道，以频分双工（FDD）工作方式避免频率间的干扰。

半双工通信可以实现双向通信，但是发送端和接收端不能在两个方向上同时进行通信，必须轮流交替进行。

2. 模拟网和数字网

移动通信在最初的阶段，也就是第一代移动通信，采用的是模拟网，其传输的信号以模拟方式进行调制，比如在电话通信中，传送的电信号是随着用户音量的变化而变化的，而且在时间上和幅度上，变化的电信号都是连续的，也就是一个模拟信号，而这种通信方式也称为模拟通信。

随着通信网络向数字化的发展，到了第二代移动通信，采用的是数字网，采用数字信号进行信息的传输和交换，数字信号是一种离散的、脉冲有无的组合形式，现在最常见的数字信号幅度取值只有两种（分别用 0 和 1 表示）的波形，称为二进制信号。

3. 语音通信和数据通信

移动通信的传统业务是语音通信，随着信息化和计算机技术的不断发展，移动通信系统中已经能够提供综合的业务服务，包括语音、图像和数据等业务。虽然在移动通信网中，语音、图像和数据业务的信息形式都是二进制数字的形式，但是，各种不同类型的业务，传输的需求是不同的，如语音业务对传输时延比较敏感，时延超过 100ms，用户就会体验很不好，而数据业务相对而言对时延的要求比较宽松。语音业务由于占用的时间一般较长，而且占用时长比较均匀，因此呼叫建立时间可以较长，而数据业务不允许存在长的建立时间，因此产生了语音通信和数据通信的分类。

4.5.2 多址技术

多址技术在无线通信中有广泛应用，利用该技术能够使不同的用户使用同一通信线路。为使信号多路化而实现多址的方式可分为三种，分别为频分多址(FDMA)、时分多址(TDMA)和码分多址(CDMA),这三种方式分别利用频率、时间或代码分隔的方式进行多址连接,如图 4-18 所示。

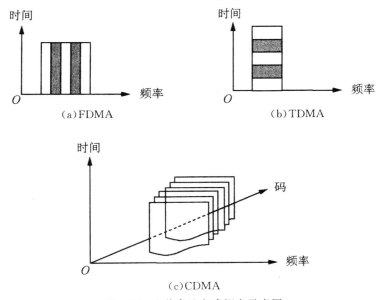

图 4-18　3 种多址方式概念示意图

FDMA 是以不同的频率信道实现通信的,TDMA 是以不同的时隙实现通信的,CDMA 是以不同的代码序列实现通信的。

1. 频分多址

在多址技术中,频分多址是一种最为成熟的方式。在某些情况下,频分也被称作信道化,也就是说将不同的频谱划分为多个无线电信道,不同的信道负责不同的作用,例如传输话音或控制信息。通过系统的控制,任何用户都能够接入其中一个信道。

FDMA 的典型应用方式为模拟蜂窝系统,数字蜂窝系统中也同样可以采用 FDMA,只是不会采用纯频分的方式,如 GSM 系统就采用了 FDMA。

2. 码分多址

码分多址采用扩频技术来构建不同码序列从而完成多址技术。码分多址技术不需要将用户信息在频率和时间上进行分离,而是能够在一个信道上完成多个用户信息的传输,也就是说能够不受其他用户的干扰。

需要注意的是,对于所传输的信息,应对其进行特殊的编码,且编码处理后并不会丢失信息。正交码序列的数目等于在同一个载波上进行通信的用户数。不同的发射机都有唯一的专属代码,与之对应的接收机也应明确接收代码,接收代码起到信号滤波器的作用,能够使接收机从不同信号背景中提取出原信息码,也就是解扩过程。

3.时分多址

时分多址是将一个宽带上的无线载波,以时间(时隙)来划分时分信道,不同的用户占用不同的时隙,且只能占用一个,仅在该时隙内进行信号的收发。数字蜂窝系统中采用了时分多址方式,例如 GSM 系统。

TDMA 较为复杂,更为简单的情况是单路载频被划分为不同时隙,在每一时隙内进行猝发式信息的单路传输。在 TDMA 中用户部分的作用最为重要,在呼叫时将用户分配给一个时隙,用户与基站即可进行同步通信,同时开始时隙计数。当指定的时隙出现时,手机即启动接收和解调电路,对接收到的猝发信息进行解码。在用户发送信息时,需要缓存信息,以等待时隙的出现。当时隙开始后,将缓存的信息高速发射出去,再开始准备之后的猝发式传输。

对 TDMA 进行改进,可实现在同一单频信道上的收发,即时分双工(TDD)。最便捷的方式为,选取两个时隙分别负责发射和接收。手机进行发射时基站进行接收,基站进行发射时手机进行接收,这样不断交替。TDD 保留了 TDMA 的许多优势,如猝发式传输、不需要天线的收发共用装置等。其最大的优势是能在同一载频上进行收发,不用分为上行和下行两个载频,不需要频率切换,因而可以降低成本。TDD 最大的不足是满足不了大规模系统的容量要求。

4.5.3　3G 通信技术

在移动通信的发展过程中,3G 通信技术被称为第三代通信技术,相对于第一代和第二代通信技术,其传输容量大大增加,灵活性更强,传输声音和数据的速度得到很大的提高,能够在全世界范围内进行无缝漫游,可以处理多种媒体形式如图像、音乐、视频流等,提供多种信息服务如网页浏览、电话会议、电子商务等,同时也要考虑与已有第二代系统的良好兼容性。因此,3G 通信技术也是目前应用最广泛的成熟的通信技术。

1. 3G 通信的关键技术

智能天线、软件无线电、高速下行分组接入(HSDPA)是 3G 的主要的 3个关键技术,下面分别简要介绍一下这 3 个关键技术的主要原理和特点。

（1）智能天线技术

智能天线技术采用了空分复用（SDMA），根据信号在传播路径和方向上的不同，减小时延扩散、瑞利衰落、多径、信道干扰的影响，提取出同频率、同时隙信号，结合其他复用技术，充分发挥频率的作用。应用智能天线技术，就是在数字信号处理的基础上通过天线阵实现不同用户的自适应波束赋形，这就等同于对用户安装了可跟踪的高增益天线。

智能天线系统按照工作方式进行分类，可分为预多波束（或切换波束）系统和自适应阵列系统。预多波束系统如图 4-19（a）所示，是在天线阵的基础上构成了多个窄的定向波束，分别指向不同的方向，这可以看作是用 N 个天线覆盖 N 个角区域。当移动用户发生移动时，系统能够检测其信号强度，通过波束切换进行区域选择，从而大致确定用户的具体通信位置。也就是说，预多波束系统是对移动通信环境在波束空间的部分自适应。对于自适应阵列系统来说，其实现了移动通信环境对波束空间的完全自适应。自适应阵列系统如图 4-19（b）所示，自适应天线技术采用自适应信号处理算法，令天线阵形成指向移动用户的定向波束，这一方式能够排除其他信号的干扰，增强接收到的有用信号，从而保证对移动用户的跟踪。自适应阵列系统的波束并不是提前形成的，而是根据信号的变化进行实时调整，这样一来，提高了波束切换系统的性能，也增强了其复杂性。

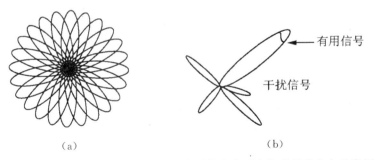

（a）　　　　　　　　　　　（b）

图 4-19　智能天线波束切换系统和自适应阵列天线方向示意图

（a）预多波束系统；（b）自适应阵列系统

构成智能天线需要从以下两方面着手，一是估计移动台发射多径电波方向的到达角（Angle Of Arrival, AOA），进行空间滤波，减少其他移动用户的干扰；二是使基站发送的信号发生波束成型，令基站发送信号在限定的区域内进行收发，充分利用了信号的发射功率，从而降低发射功率，减少对其他移动台的干扰。

（2）软件无线电技术

软件无线电技术是在可编程硬件平台的基础上，改变软件来得到不同标准的通信设施。也就是说，进行无线通信体制、系统和产品的研发逐渐由硬件为主转变为以软件为主。

3G 通信中采用的软件无线电技术包括以下几种关键技术：

①基于软件无线电的宽带多频段、多波束天线与智能天线技术。软件无线电使用的天线需具备 10 倍频程以上的工作带宽，通常为 1MHz～3GHz。智能天线可用于蜂窝移动通信系统，例如，军事领域使用快速展开无线网络（RDRN）。

②宽带模/数（A/D）和数/模（D/A）转换技术。根据软件无线电技术要求，将适合的模天线安装在射频前部，从而免除过多的模拟环节，能够在较高的频率范围甚至直接对射频信号进行数字化处理。在保证采样率达到要求的前提下，较难使模数转换器的分辨率得到控制。可以采用并行采样和带通采样的方法予以解决。

③高速数字处理技术（DSP）。软件无线技术的关键在于具备高速数字处理技术。若仅仅依靠一个 DSP 处理器不能具备强大的数字处理能力，则需要利用多个 DSP 技术，也就是说 DSP 单元包括多个 DSP 处理器或 FPGA（现场可编程门阵列处理器）。

④高速总线。软件无线电中采用总线结构，各功能部件之间的相互关系成为面向总线的单一关系。这样使无线通信产品易于实现模块化、标准化和通用化。

（3）高速下行分组接入（HSDPA）技术

目前已经得到广泛应用的是基本型 HSDPA，HSDPA 基本原理及相应信道如图 4-20 所示。HSDPA 的关键技术点包括以下内容。

①新增的三个物理信道。HSDPA 物理信道的使用与 DCH 和下行共享信道（DSCH）的配合使用相似，它承载需要更高时延限制的业务。为了实现HSDPA 功能特性，在 MAC 层新增了 MAC-hs 实体，位于 Node-B，负责HARQ 操作以及相应的调度，在物理层引入以下 3 种新的信道：HS-DSCH（High Speed Downlink Shared Channel），HS-SCCH（High Speed Shared Control Channel），HS-DPCCH（Uplink High Speed Dedicated Physical Control Channel），通过这 3 个专用信道加快数据下载的速率。

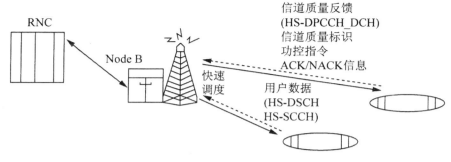

图 4-20　HSDPA 的基本原理及相应的信道

②自适应调制编码(AMC)。HSDPA 采用 AMC 作为基本的链路自适应技术对调制编码速率进行粗略的选择。AMC 的原理就是根据用户瞬时信道质量状况和当前资源,选择最合适的下行链路调制和编码方式,以实现最大限度地发送数据信息,实现高的传输速率。

③混合自动请求重传(HARQ)。为了进一步提高系统性能,HSDPA 在采用 AMC 对调制编码方式进行粗略的选择之后,采用 HARQ 技术进行精确的调节。

④快速调度。快速调度算法是在动态复杂的无线环境下使多用户更有效地使用无线资源,提高整个扇区的吞吐量。

2. 3G 特点及应用

3G 技术的主要优点是能极大地增加了系统容量,提高了通信质量和数据传输速率。此外,利用在不同网络间的无缝漫游技术,可将无线通信系统和 Internet 连接起来,从而可对移动终端用户提供更多更高级的服务。

3G 在无线技术上的创新主要表现在以下几个方面。

(1)采用高频段频谱资源

为实现全球漫游目标,按照 ITU 规划 IMT-2000 将统一采用 2G 频段,可用带宽高达 230MHz,分配给陆地网络 170MHz、卫星网络 60MHz。

(2)采用宽带射频信道,支持高速率业务

3G 最大的优点即是高速的数据下载能力,3G 技术中,充分考虑承载多媒体业务的需求,相对 2.5G(GPRS/CDMA1X)100kbit/s 左右的速度。3G 能够达到 300kbit/s～1Mbit/s,比家庭用 ADSL 宽带速度快几倍。

(3)快速功率控制

在 3G 的三大主流技术(WCDMA、TD-SCDMA、CDMA2000)中,下行信

道均采用了快速闭环功率控制技术，用于改善下行传输信道性能，提高了系统抗多径衰落的能力。

（4）采用自适应天线及软件无线电技术

3G 基站采用带有可编程电子相位关系的自适应天线阵列，可以自适应的调整功率，减少系统子干扰，提高系统接收灵敏度，增大系统容量，并对提高系统灵活性，降低成本起到重要作用。

4.5.4　4G 通信技术

4G 通信技术并没有脱离以前的通信技术，而是以传统通信技术为基础，并利用了一些新的通信技术，来不断提高无线通信的网络效率和功能的。

1. 4G 技术标准

国际电信联盟（ITU）已经将 WiMax、HSPA＋、LTE 正式纳入到 4G 标准里，加上之前就已经确定的 LTE-Advanced 和 WirelessMAN-Advanced 这两种标准，目前 4G 标准已经达到了 5 种。

（1）LTE

LTE（Long Term Evolution，长期演进）项目是 3G 的演进，是新一代宽带无线移动通信技术。采用 OFDM 和 MIMO 作为其无线网络演进的唯一标准，频谱效率是 3G 增强技术的 2～3 倍。LTE 包括 FDD 和 TDD 两种制式。

（2）LTE-Advanced

从字面上看，LTE-Advanced 就是 LTE 技术的升级版。LTE-Advanced 的全称为 Further Advancements for E-UTRA，它满足 ITU-R 的 IMT-Advanced 技术征集的需求，是 3GPP 形成欧洲 IMT-Advanced 技术提案的一个重要来源。LTE-Advanced 具有如下特性：带宽：100MHz；峰值速率：下行 1Gbit/s，上行 500Mbit/s；峰值频谱效率：下行 30(bit/s)/Hz，上行 15(bit/s)/Hz；针对室内环境进行优化。

（3）WiMax

WiMax（Worldwide Interoperability for Microwave Access，全球微波互联接入）也称为 IEEE 802.16。WiMax 的技术起点较高，WiMax 所能提供的最高接入速度是 70M，这个速度是 3G 所能提供的宽带速度的 30 倍。

（4）HSPA＋

HSPA＋为高速下行链路分组接入技术（High Speed Downlink Packet Access），而 HSUPA 即为高速上行链路分组接入技术，两者合称为 HSPA 技术，HSPA＋是 HSPA 的衍生版，能够在 HSPA 网络上进行改造而升级到该网络,是一种经济而高效的 4G 网络。

（5）WirelessMAN-Advanced

WirelessMAN-Advanced 事实上就是 WiMax 的升级版,即 IEEE 802.11m 标准,802.16 系列标准在 IEEE 正式称为 WirelessMAN,而 WirelessMAN-Advanced 称为 IEEE 802.16m。其中,802.16m 最高可以提供 1Gbit/s 无线传输速率,还将兼容未来的 4G 无线网络。

2. 4G 无线通信核心技术

4G 无线通信核心技术包含（正交频分复用）OFDM 和多输入多输出（MIMO）。

（1）MIMO

MIMO 技术是指利用多发射、多接收天线进行空间分集的技术,它采用的是分立式多天线,能够有效地将通信链路分解成许多并行的子信道,从而大大增加了容量（图 4-21）。MIMO 系统能够很好地提高系统的抗衰落和抗噪声性能,从而获得巨大的容量。

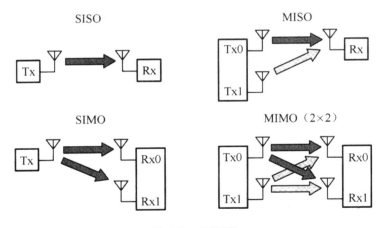

图 4-21 MIMO

（2）OFDM

OFDM 技术的主要原理是:将信道分成若干正交子信道,将高速数据信号转换成并行的低速子数据流,调制在每个子信道上进行传输（图 4-22）。

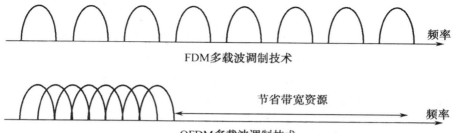

图 4-22　OFDM

3. 4G 及其性能

第四代移动通信系统是多功能集成的宽带移动通信系统,在业务上、功能上、频带上都与第三代系统不同,会在不同的固定和无线平台及跨越不同频带的网络运行中提供无线服务,比第三代移动通信更接近于个人通信。第四代移动通信技术可把上网速度提高到超过第三代移动技术 50 倍,可实现三维图像高质量传输。4G 移动通信技术的信息传输级数要比 3G 移动通信技术的信息传输级数高一个等级。第四代移动电话能全速移动用户能提供 150Mbit/s 的高质量的影像服务,实现三维图像的高质量传输,无线用户之间可以进行三维虚拟现实通信。

4.6　卫星模式与微波模式

4.6.1　卫星模式

1.卫星通信系统简介

卫星通信系统实际上也是一种微波通信,它以卫星作为中继站转发微波信号,在多个地面站之间通信,卫星通信的主要目的是实现对地面的"无缝隙"覆盖,覆盖范围远大于一般的移动通信系统。但卫星通信要求地面设备具有较大的发射功率,因此不易普及使用。

卫星通信系统由卫星端、地面端、用户端 3 部分组成,其系统组成示意图如图 4-23 所示。

卫星端在空中起中继站的作用,即把地面站发上来的电磁波放大后再返送回另一地面站,卫星星体又包括两大子系统:星载设备和卫星母体。地面站则是卫星系统与地面公众网的接口,地面用户也可以通过地面站出入卫星系统形成链路,地面站还包括地面卫星控制中心,及其跟踪、遥测和指令站。用户端即是各种用户终端。

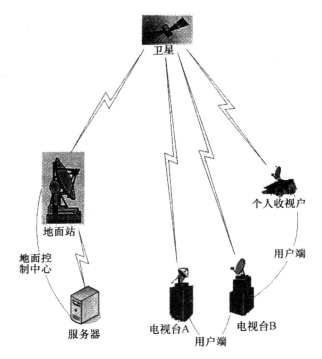

图 4-23　卫星通信系统组成示意图

2.卫星通信系统的分类

卫星通信系统的类型如图 4-24 所示。

3.卫星通信系统的特点

卫星通信系统有以下几方面特点。

(1)下行广播,覆盖范围广:对地面的情况如高山海洋等不敏感,适用于在业务量比较稀少的地区提供大范围的覆盖。

(2)工作频带宽:可用频段从 150MHz～30GHz。

(3)通信质量好:卫星通信中电磁波主要在大气层以外传播,电波传播非常稳定。

(4)网络建设速度快、成本低:除建地面站外,无需地面施工,运行维护费用低。

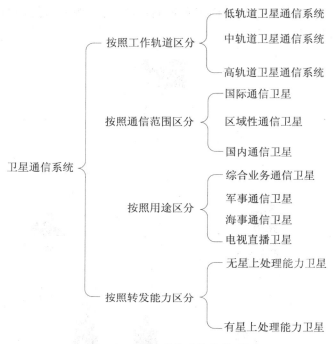

图 4-24　卫星通信系统的类型

（5）信号传输时延大：高轨道卫星的双向传输时延达到秒级，用于语音业务时会有非常明显的中断。

（6）控制复杂：由于卫星通信系统中所有链路均是无线链路，而且卫星的位置还可能处于不断变化中，因此控制系统也较为复杂。

4.卫星通信系统的发展趋势

未来卫星通信系统主要有以下的发展趋势。

（1）地球同步轨道通信卫星向多波束、大容量、智能化发展。

（2）低轨卫星群与蜂窝通信技术相结合，实现全球个人通信。

（3）小型卫星通信地面站将得到广泛应用。

（4）通过卫星通信系统承载数字视频直播（DVB）和数字音频广播（DAB）。

（5）卫星通信系统将与 IP 技术结合，用于提供多媒体通信和互联网接入，即包括用于国际、国内的骨干网络，也包括用于提供用户直接接入。

（6）微小卫星和纳米卫星将广泛应用于数据存储转发通信以及星间组网通信。

4.6.2 微波模式

微波是电磁波的一种,其波长在 1mm～1m 之间,相应的频率范围是 300MHz～300GHz。微波的特点是穿透性较强,不能被电离层反射,且易被地面吸收,其在空中的传播特性与光波相近,基本上是直线前进,遇到阻挡就被反射或被阻断(3000MHz 以下的微波具有一定的绕射特性)。

微波除能用来加热食品外,其最重要的作用就是用于通信。目前,微波通信仍然是主要的通信手段之一。

1.微波通信系统的组成

微波通信就是利用微波来传送信息;是无线电通信的一种。微波的传播特性决定了微波通信的主要方式是视距通信,超过视距以后需要中继转发,所以微波通信又称为微波中继通信或微波接力通信。一般说来,由于地球曲面的影响以及微波传输的损耗,每隔 50km 左右,就需要设置中继站(统称为微波站),将电波放大转发而延伸。长距离微波通信干线可以经过几十次中继而传至数千千米仍可保持很高的通信质量,微波通信示意图如图 4-25 所示。

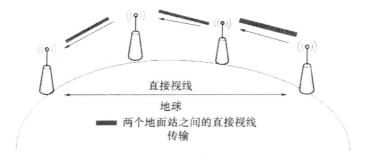

图 4-25 微波通信示意图

微波站的设备包括天线、收发信机、调制器、多路复用设备以及电源设备、自动控制设备等。为了把电波聚集起来成为波束,送至远方,一般都采用抛物面天线来收发,其聚焦作用可大大增加传送距离。多个收发信机可以共同使用一副天线而互不干扰。

微波站按工作性质不同,一般分为终端站、枢纽站、分路站、中继站等,其通信线路如图 4-26 所示。

终端站:处在微波通信线路的两端。它将数字复用设备送来的基带信号或从电视台送来的电视信号,经微波设备处理后由微波发信机发射给中继站,同时将微波接收机接收到的信号,经微波设备处理后变成基带信号送给数字复用设备;或经数字解码设备处理后还原成电视信号传送给电视台。

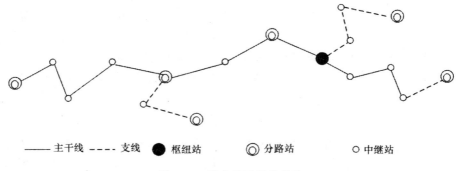

图 4-26　数字微波通信线路

枢纽站:大都设在省会以上大城市,处在微波通信线路的中间,有两条以上微波通信线路的汇接的城市。这样不仅可以进行本线路的用户间信息交换,也可以与其他线路的用户进行信息交流构成通信网。用户间的信息交流就更加方便。

分路站:又称上下话路站,为了适应一些地方的小容量的信息交换而设置的,设备简单,投资小,这样可满足一些中小城市与省会以上城市进行信息交流,这种站型必须与 SDH 的分插复用设备连接。

中继站:是微波通信线路数量最多的站型,一般都有几个至几十个。中继站的作用是将信号进行再生、放大处理后,再转发给下一个中继站,以确保传输信号的质量。由于中继站的作用才使得微波通信将信号传送到几百千米甚至几千千米之外。

2.数字微波通信系统制式

微波通信系统的发展也同其他无线电通信系统一样经历了由模拟到数字的转换。

模拟微波系统每个收发信机可以工作于 60 路、960 路、1800 路或 2700 路通信,可用于不同容量等级的微波电路。在数字传输系统中,有两种数字传输制式,一种叫"准同步数字系列"(Plesiochronous Digital Hierarchy,PDH);另一种叫"同步数字系列"(Synchronous Digital Hierarchy,SDH)。

在 PDH 系统中,需要在数字通信网的每个节点上安装精度较高式的时钟,这些时钟具有统一速率的信号。虽然时钟具有较高的精度,但是相互之间仍存在微小差别。在保证有效通信的前提下,时钟的差别都不会超过一定范围。故所谓的同步方式只能称得上是"准同步"。随着数字通信的迅速发展,点到点的直接传输越来越少,而大部分数字传输都要经过转接,因而 PDH 系列便不能适合现代电信业务开发的需要,以及现代化电信网管理的需要。SDH 就是适应这种新的需要而出现的传输体系。

SDH 概念是由美国贝尔通信研究所提出的,也被称作光同步网络(SO-NET)。该系统中包含光纤传输技术和智能网技术。此概念的提出是为了在光路上实现标准化,便于不同厂家的产品能在光路上互通,从而提高网络的灵活性。

SDH 技术与 PDH 技术相比,有如下明显优点:

(1)网络管理能力大大加强。

(2)提出了自愈网的新概念。用 SDH 设备组成的带有自愈保护能力的环网形式,可以在传输媒体主信号被切断时,自动通过自愈网恢复正常通信。

(3)统一的比特率,统一的接口标准,为不同厂家设备间的互联提供了可能。

(4)采用字节复接技术,使网络中上下支路信号变得十分简单。

由于 SDH 具有上述显著优点,它取代 PDH 在初期的信息高速公路建设中得到了广泛的应用,但是在与信息高速公路相连接的支路和岔路上,PDH 设备仍将有用武之地。

3. 微波通信系统的发展前景

数字微波通信技术、卫星和光纤这三种通信技术曾经在现代通信技术中占有很重要的作用。不过,随着光纤通信的迅速发展,逐渐削弱了数字微波通信在现代通信技术的地位。基于此,数字微波技术正在积极总结得失,寻找市场定位。当前数字微波的发展机遇可以归纳如下:

(1)干线光纤传输的备份及补充

主要用于干线光纤传输系统在遇到自然灾害时的紧急修复,以及由于种种原因不适合使用光纤的地段和场合。

(2)点对多点微波通信系统

点对多点微波通信系统是近几年发展起来的新型微波通信系统,主要分为中心站和用户站。

(3)微波扩频数据传输系统

如点对点 2GHz～4GHz 扩频微波,点对多点 2GHz～4GHz 扩频微波数据网等,主要问题是干扰协调问题。

（4）高频段微波

如 13GHz、15GHz、18GHz 几个频段的点对点微波通信系统，可以用于城市内的短距离支线，如移动通信基站的连接。

（5）本地多点分配业务（LMDS）

工作在 24GHz～26GHz 频段，用于未来的宽带业务接入，被称为无线光纤。

（6）军用数字微波通信系统

主要解决抗干扰和加密等问题。另外，还可利用高层大气的不均匀性或流星的余迹对电波的散射作用而达到超过视距的通信。

第5章 物联网数据处理技术

物联网是社会更加智能化的开始,在计算机和互联网没有出现之前,信息的收集只能依靠人工,信息的处理以及传播都是以人工的方式实现;计算机以及互联网出现后,信息的处理和传播实现了自动化;而无线传感器网络的出现,更进一步地使得信息的采集智能化。

5.1 物联网数据处理技术的基本概念

物联网数据处理分为三类,分别是物联管理对象数据、物联感知设备数据以及物联实时数据。其中物联管理对象数据与物联感知设备数据属于基本的数据,物联实时数据具有两个特点,其一它具有传统大数据实时数据的特点,即数据量大、实时性高;其二它又具备物联网的特征,即关联复杂、数据增长快、交换和查询率高的特点。

1. 物联网数据的特点

物联网数据具有以下特点。

(1)数据的多态性和异构性

无线传感网络中具有多种传感器,每一种传感器的用途各不相同。很明显,这些传感器的结构与性能各不相同,它们所采集的数据结构也不相同。在RFID 系统中也有多个 RFID 标签,多种读写器;M2M 系统中的微型计算设备更是形形色色。它们的数据结构不可能是统一的模式。物联网中的数据总结起来有以下几种:①文本数据;②多媒体数据;③静态数据;④动态数据。数据的多态性、感知模型的异构性共同导致了数据的异构性。物联网的应用模式和架构互不相同,缺乏可批量应用的系统方法,这是数据多态性和异构性的根本原因。显然,当系统具有更复杂的结构,传感器的节点与 RFID 标签种类越多,数据的异构性也将更加明显。异构性在本质上加剧了数据处理与软件开发的难度。

(2)数据的海量性

物联网是由几个或多个具有无线识别功能的物体相互连接而形成的动态

网络。对于一个中型商场而言,它的商品数量一般都有数百万乃至数千万件。在一个超市 RFID 系统中,假定有 1000 万件商品都需要跟踪,每天读取 10 次,每次 100 个字节,每天的数据量就达 10GB,每年将达 3650GB。在实时监测条件下,无线传感网需要记录更多的信息,数据量更是超过每天 1TB 以上。此外,在一些应急性处理的实时监控系统中,数据的产生是以流的形式实时、高效、源源不断地产生的,因此这时的数据量更加庞大。

（3）数据的时效性

外界事物的状态是多变的,因此无论是 WSN 还是 RFID 系统,物联网的数据采集都是随时发生的,系统会定时向服务器发送数据,因此数据的更新很快,历史数据用来记录事物的进程,虽然能够备份,但海量的数据不可能长期的被保存。只有新数据才能反映"物"当前的状态,因此系统的响应时间是系统实用性与可靠性的关键因素。从而要求物联网在数据处理方面必须足够快,也就是说物联网的数据处理系统具有足够的运行速度,否则所得到的数据不能反映正确的结论。

2. 物联网数据处理的关键技术

物联网数据的特性使得数据质量控制、数据存储、数据存储、数据集成、数据融合与数据查询等困难重重,因此必须寻找更为有效的技术手段来解决以上问题。解决数据的异构性问题需要从基础软件着手。不同的信息处理设备可能采用不同的操作系统,不同的感知信息需要不同的数据库平台,不同的系统需要不同的中间件。其中,操作系统针对的是运行平台的问题,数据库针对的是数据的存储、挖掘与检索问题,中间件解决数据的传递、过滤、融合问题。操作系统、数据库、中间件作为基础软件,如果能够正确选择和使用就能够有效屏蔽数据的异构性,从而实现数据的有效传递,对感知事物的现状具有重要意义。这三者中,数据库与中间件更是解决异构性的关键所在。海量性导致数据存储困难,数据处理滞后,反应速度迟缓。应对的策略主要有两种:其一是将所有的数据都交给服务器,因此必须寻找更高档次的服务器甚至计算中心。其二是化整为零,提升物联网中的每一元件的智能化处理水平或者计算能力,在其自身完成数据的中间处理,余下的再传递给服务器完成处理。

5.2 物联网大数据

5.2.1 物联网大数据的产生

当物联网的技术处于酝酿阶段时,物联网大数据的概念已经引起 IT 行业的极大关注,其潜在的价值正在被逐渐挖掘,IBM、微软、SAP、谷歌等 IT 企业迅速在全球部署了多个数据中心,投入巨资展开物联网大数据分析的研究。

由于物联网的大数据来源于多种终端,如移动通信终端、智能电表以及工业机器人等,可见其影响范围非常广泛。物联网产业链是以"数据"驱动为核心的产业,并不是以元器件或设备所驱动的。物联网的核心在于应用层,而不是感知层与网络层。将物联网所产生的庞大数据进行智能化的处理、分析,可应用于多种商业模式,从而体现物联网最核心的商业价值。物联网产业链近七成的产值将产生于后台的数据处理环节。

物联网应用普遍包括多层结构,即感知层、网络层和应用层,如表 5-1 所示。

感知层的作用是感知物体,采集信息,它与人类的感觉器官的作用相似。网络层是将感知层获得的信息进行传递和处理,类似于人类的神经中枢与大脑。应用层实现了将物联网与其他行业的深度融合,与各行各业的具体信息化需求结合实现智慧化应用,从而将信息化推向了新的高度。

表 5-1　物联网应用多层结构

构成层次	包含内容
感知层	二维码标签和识读器、RFID 标签和读写器、摄像头、GPS、传感器、终端、传感器网络
网络层	通信与互联网的融合网络、网络管理中心、信息中心和智能处理中心
应用层	与所有相关实体信息化应用需求结合的层面,借助于数据采集、传输、处理与应用实现智慧化的信息化应用

物联网背景下的数据量成几何级增长,主要表现在以下一些方面。

(1)物联网实体的扩大化。以绿色农业为例,原始的农业数据采集需要人工进行且采集的信息量很小,而将农业纳入物联网之后,需要监测的数据将会更多,如对种子、化肥、土壤、气温、湿度、光度、化学成分、物理成分、空气组成、PH 值、各种养分的监测,再结合图像、视频等的采集。物联网将农业生产直接提升到科学化管理水平,管理过程中必然会产生大量的数据。在农业生产过程中需接入物联网的其他相关数据,可以说物联网采用传感器采集各类数据以及视频采集系统会产生大量的有价值的农业数据。

(2)从应用层出发则需要考虑的是以应用为核心数据需求的增长。由于物联网技术能够实现全方位的感知,同时还能够解决人类所不能解决的全时感知效果,因此,很多相关的应用会因物联网技术而产生出来,这是传统技术所不能实现的,而应用数量的增加,毫无疑问将会对相关的数据提出成倍增加的需求。

(3)感知层的多样化数据增加需求,目前物联网领域所采用的感知技术主要有传感器技术、RFID、红外技术与蓝牙技术等。其中传感网技术是物联网最为关键的技术,它为工农业生产、医疗与服务行业提供了广泛的数据支撑,为物联网的数据采集提供了便利。简言之,物联网的出发点是应用需求,物联网将信息化由手工控制为主转变为以智慧处理为主,应用的行业与应用的范围都有成倍的拓展,物联网大数据已经具备 4V 大数据特征,在实际应用中需要更好地考虑大数据的存储、数据处理、数据挖掘等问题。

5.2.2　物联网大数据的分类

物联信息可分为三类,分别是物联管理对象信息、物联感知设备信息与物联实时信息。从物联网数据的角度来分,物联信息又分为传感器感知数据和社交网络数据两种。专家表示,目前网络上的数据量大于传感器感知到的数据量,但是随着物联网技术与设备的不断进步,传感器的数据量将快速增加,可以预测最终传感器的数据量将发展到网络数据量的 10～20 倍。根据数据的内在结构不同,这类数据又可以分为结构化数据与非结构化数据。结构化数据主要是指存储在关系数据库中的数据,随着技术的进步,这类数据的增长很快;相对于结构化数据而言,非结构化数据是指不方便用数据库二维逻辑表来表现的数据,这类数据主要包括视频监控、图形图像处理等产生的数据。据调查结果表明,现代企业中 80% 以上的数据都是非结构化数据,且这些数据每年都以指数增长 60%。结构化数据根据处理时限的不同又可分为实时数据与准实时数据,如电网调度与控制需要的是实时数据;大量状态的监控则对实时性的要求较低,因此可以作为准实时数据处理。

5.2.3　物联网大数据的特点和面临的技术挑战

在商业信息化、社交化与移动化的前提下,大数据必然会成为大多数行业的商业价值实现的最佳途径。物联网将提供从商业支撑到商业决策的所有行业信息。

物联网大数据若要健康稳定的发展,不能仅停留在概念层面上,同时还需要政策的鼓励以及不断地创新。我国在物联网的推进过程中就缺乏统一标准或行业标准的指引,因此物联网在我国的发展还不全面。实现物联网背后的大数据处理并不是简单的事情,物联网大数据与互联网数据两者之间存在很大的区别。物联网大数据包括社交网络数据和传感器感知数据,即使其中的社交网络数据相当多的是可被处理的非结构化数据,如新闻、微博等,当前物联网传感器所采集的碎片化数据基本属于无法处理的非结构化数据。在物联网颗粒化、非结构化数据的处理过程中,怎样才能通过统一的物联网架构设计,将非结构化的数据结构化,将不同系统之间的数据尽可能地统一为精确的解析数据,这是非结构信息关键技术的难点之一。目前最为重要的是不同行业之间的信息共享问题。以智慧城市的发展为例,目前我国智慧城市发展遇到的最严重的问题就是信息孤岛,这主要是因为各部门未公开自己的数据,这必然会造成数据之间的割裂,因此无法产生巨大的经济效应。所幸的是,一些部门已经认识到了这个问题的关键性,他们开始积极地寻求数据交换,大家已经意识到单一的数据不能发挥良好的效能,部门间的数据交换将成为一种趋势,而不同部门间的数据共享将带来前所未有的经济效应。据分析,在未来10~20 年中,物联网与大数据将面临战略性的发展机遇与挑战。

物联网与大数据的结合,不仅会使物联网的应用更为广阔,更因为大数据的支撑而延伸出长长的经济产业链,所以将大数据融入物联网的发展之中,将会促进物联网带动大数据的发展,同时大数据应用又能加快物联网的发展步伐。

在传感器采样数据的集中管理系统中,大量的传感器节点根据采样及传输规则,不断地向数据中心发送采集到的数据,由此而形成了海量的异构数据流。对于数据中心而言,在正确理解这些数据的同时还需要及时地分析这些数据,最终实现有效地感知与控制。通过分析,物联网的以下特点对数据处理形成了巨大的挑战。

(1)物联网具有非常庞大的数据体量。物联网传感器具有海量的传感器节点。其中绝大部分的传感器采集的数据是数值型的,也有一部分数据的采样值是多媒体数据。此外,传感节点的采样率可能很高,如电力设备的监测的采样率可达到数千赫甚至兆赫。存储系统不仅需要将采样新数据完整存储,在有些情况下还需要将历史采样值存储,目的是为了满足溯源处理和复杂数据的分析。正是由于以上数据是海量的,所以对它们的存储、传输、查询以及分析等提出了新的挑战。

(2)多源异构特性。物联网系统本身结构复杂、规模庞大,它包含多种功能与类型的传感器,例如智能交通传感器、气象卫星传感器、生物医学传感器等,其中每一类传感器又包括许多具体的传感器,如智能交通传感器可以细分为 GPS 传感器、RFID 传感器、车牌识别传感器、交通流量传感器(红外、线圈、光学、视频传感器)、路况传感器等,具有明显的多源异构特性。同时也需要对系统外数据(气象、地理、环境等)与内部数据进行关联分析。以电力设备状态评估为例,与评估相关的数据来源广、种类众多,包括在线监测实时数据、设备台账信息、预试数据以及音视频和气候环境等非结构化数据。多源异构特性对存储和数据处理提出了巨大的挑战。

(3)生成速度快。某些物联网系统,在某些特定场景下数据采样频率极高,数据生成速度非常快,再加之监测点数量庞大,可能在短时间内形成对服务器的高并发访问请求,要求系统在短时间内完成海量数据的处理,这形成了典型的高通量计算场景。例如,分布式能源随气候环境动态变化,要求快速准确预测变化,需要对设备和环境实时监控。在 SCADA 调度系统中,每分钟产生的数据量也将达到 GB 级。

(4)时间和空间属性。物联网系统中,采集装置的节点具有地理位置的属性,传感器的地理节点可能随时间的变化而出现连续移动,如智能交通系统中,每个车辆安装了高精度的 GPS 或 RFID 标签,在交通网络中动态地移动。数据采样值具有时间属性,采样数据序列反映了监控对象的状态随时间变化的完整过程,因此包含比单个采样值丰富得多的信息,数据序列不断动态变化。

(5)价值密度低。以视频数据为例,在连续的监控过程中,也许有用的数据仅有 1～2s。在传统的数据监测系统下,人们只关注少量的异常数据,而将所谓的"正常数据"丢弃,然而大量的正常数据也可能成为故障分析判断的重要依据。

(6)物联网大数据的可视化。将海量的物联网数据以一种直观的方式展现在有限的屏幕空间上,这是一项具有挑战性的工作。可视化方法已经在实践中得到证明,它是一种解决大规模数据分析的有效方法,并在实践中有着广泛的应用。可视化是通过一系列复杂的算法将大量数据绘制成高精度、高分辨率的图片,最后通过交互工具,最终被人们的视觉系统所接收。可视化允许实时改变数据处理和算法参数,对数据进行观察和定性及定量分析。随着物联网大数据的日益丰富,需要创新原有的可视化手段,通过可视化在更广阔的范围挖掘和展示物联网大数据的价值。这方面的挑战主要包括可视化算法的可扩展性、并行图像合成算法、重要信息的提取和显示等方面。

基于物联网大数据的特点,深入探讨数据驱动的物联网系统各项技术,提高数据利用率是当前物联网系统建设过程中必须面对的问题。云计算技术是处理分析大数据的有效方式,具有良好的可扩展性和容错机制,在商业互联网领域应用广泛。随着物联网大数据的形成,探讨基于云计算技术的物联网大数据分析处理,进而对提高系统的整体安全性和可靠性具有重要的研究价值。然而,由于物联网系统运行模式与商业互联网系统相比具有自身的特点和性能要求,当云计算应用于生产运行数据时具有很大的挑战性。

当前流行的 key-value 数据库,即按照主关键字对数据进行分布组织和查询处理,这种方法无法有效地支持对物联网数据的多条件时空查询处理。传统的并行数据库技术,通过将多个关系数据库组织成数据库集群来支持海量结构化数据的处理,但这种方法在处理关键字查询时的性能要远低于"键—值"数据库;此外,由于采用了严格的事务处理机制,在传感器采样数据频繁更新的条件下,并行数据库的数据处理效率十分低下。

5.3　海量数据存储与云计算技术

5.3.1　海量数据存储

1. 海量数据存储概述

海量数据是指数据量极大,往往是 Terabyte(10^{12} B)、Petabyte(10^{15} B)甚至 Exabyte(10^{18} B)级的数据集合。存储这些海量信息不但要求存储设备有很大的储存容量,而且还需要大规模数据库来存储和处理这些数据,在满足通用关系数据库技术要求的同时,更需要对海量存储的模式、数据库策略及应用体系架构有更高的设计考虑。

存储系统的存储模式影响着整个海量数据存储系统的性能,为了提供高性能的海量数据存储系统,应该考虑选择良好的海量存储模式。对于海量数据而言,实现单一设备上的存储显然是不合适的,甚至是不可能的。结合网络环境,对它们进行分布式存储不失为当前的上策之选。如何在网络环境下,对海量数据进行合理组织、可靠存储,并提供高效、高可用、安全的数据访问性能成为当前一个研究热点。适合海量数据的理想存储模式应该能够提供高性能、可伸缩、跨平台、安全的数据共享能力。

2. 海量数据存储模式

目前,在磁盘储存市场上,根据服务器类型,海量数据存储分类如图 5-1 所示。其中外挂存储占目前存储市场的 70% 以上的份额。由于网络技术上的崛起,直接连接系统(DAS)已经显得非常力不从心,存储模式从以服务器为中心转向以数据为中心的网络存储模式。目前典型的海量数据存储模式有附加存储(NAS)和存储区域网络(SAN)。

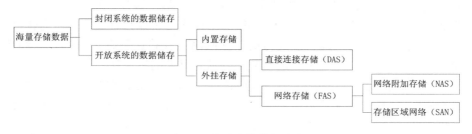

图 5-1　海量存储数据分类

　　网络存储是当前海量数据存储的主要模式。所谓的网络存储,就是指在特定的环境下可以提供从多台主机到多台设备方位的存储实现。它主要通过网络存储设备(包括专用数据交换设备、磁盘阵列或磁带库等存储介质以及专用的存储软件),利用原有网络或构建一个存储专用网络来为用户提供统一的信息系统的信息存取和共享服务。

　　目前常见的存储模式有以下三种:一种是以服务为中心的直接连接存储(DAS);二是以数据为中心的网络附加存储(NAS);三是以网络为中心的存储区域网络(SAN)。另外,随着存储技术的发展,目前,对象存储系统也得到了广泛应用。

　　(1)直接连接存储(DAS)

　　直接连接存储(DAS)又称为总线附接存储,这总存储方式已经有 40 年的历史。在这种存储方式中,存储设备通过电缆直接连接至一台服务器上,I/O请求直接发送到存储设备上。直接连接存储的存储设备依赖于服务器,其本身也是硬件的堆叠,不带有任何操作系统。直接连接存储的数据存储设备是整个服务器结构的一部分,数据存储设备中的信息必须通过系统服务器才能提供信息共享服务。直接连接存储的数据存储设备不是独立的存储系统,向直接连接存储的数据设备中存储数据必须通过相应的服务器或客户端来完成。直接连接存储的连接方式主要有内置、SCSI 接口和光纤通道三种。

　　(2)网络附加存储(NAS)

　　网络附加存储(NAS)是一种提供文件共享服务的海量数据存储。它拥有自己的文件系统,通过 NFS 或 CIFS 对外提供文件访问服务。它把数据看作是一种资源网络,将其直接连接到网络上。它彻底地把数据从服务器中分离了出来,减少了数据管理上的许多问题。在网络附加存储的存储结构中,存储系统不再通过 I/O 总线附属于某个服务器或客户机,而是通过网络接口与网络直接连接,由用户通过网络访问。网络附加存储的数据存储设备实际上是一个带有瘦服务器的数据存储设备,其作用类型于一个专用的文件服务器。这种专用存储服务器去掉了通用服务器原有的不适用的大多数计算功能,而仅仅提供文件系统功能。与传统以服务器为中心的数据存储系统相比,在专用存储服务器中,数据不再通过服务器内部存储器转发,直接在客户机和数据存储设备间传输,服务器仅起控制管理的作用。专用存储服务器由核心处理器、文件服务管理工具、一个或多个硬盘驱动组成。

(3)存储区域网络(SAN)

SAN 在最基本的层次上定义为互连存储设备和服务器的专用光纤通道网络,它在这些设备之间提供端到端的通讯,并允许多台服务器独立地访问同一个存储设备。与局域网(LAN)非常类似,SAN 提高了计算机存储资源的可扩展性和可靠性,使实施的成本更低、管理更轻松。与存储子系统直接连接服务器(称为直连存储或 DAS)不同,专用存储网络介于服务器与存储子系统之间。

5.3.2　云计算

1. 云计算的概念

由于云计算涉及技术的多个方面和产业发展的多个环节,不同的组织和企业从各自的角度对云计算做出了自己的定义。

美国国家标准技术研究所(National Institute of Standards and Technology,NIST)对云计算是这样定义的:"云计算是一种模型,能支持用户便捷地按需通过网络访问一个可配置的共享计算资源池(包括网络、服务器、存储、应用程序、服务),共享池中的资源能够以最少的用户管理投入或最少的服务提供商介入实现快速供给和回收。"Amazon 认为"云计算就是在一个大规模的系统环境中,不同的系统之间相互提供服务,软件都是以服务的方式运行的,当所有这些系统相互协作并在互联网上提供服务时,这些系统的总体就成为云。"我国工信部电信研究院认为"云计算是一种通过网络统一组织和灵活调用各种 ICT(Information Communication Technology)信息资源,实现大规模计算的信息处理方式"。

狭义的云计算主要是指 IT 基础设施的交付和使用模式,也就是以网络为媒介按照易扩展的方式得到所需要的资源。提供资源的网络被称为"云"。"云"中的资源在使用者看来是可以无限扩展的,并且可以随时获取,按需使用,随时扩展,按使用付费。这种特性经常被称为像水电一样使用 IT 基础设施。广义的云计算则是指服务的交付和使用模式,即通过网络以按需、易扩展的方式获得所需的服务。这种服务可以是 IT 和软件、互联网相关的,也可以是任意其他的服务。它意味着计算能力也可作为一种商品通过互联网进行流通。

总结以上各种云计算定义形式的共同点,我们可以这样认为:云计算是一种以服务为特征的计算模式,它通过对所有的资源进行抽象后,以新的业务模式提供高性能、低成本的持续计算、存储空间及各种软件服务,支撑各类信息化应用。这种新型服务最大的优势在于能够合理配置计算资源,提高计算资源的利用率,降低成本,促进节能减排,实现真正的理想的绿色计算。图 5-2 为云计算的服务种类和方式。

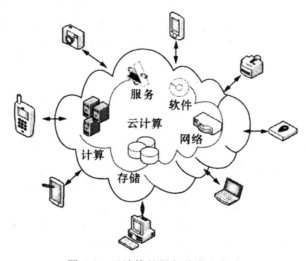

图 5-2　云计算的服务种类和方式

另外,我们还可以从产业、用户、提供商三个不同的角度来解读云计算。

(1)从产业角度看

云计算产业是包括硬件、软件、信息服务三个部分的信息产业的一个子集,是网络计算系统与应用的一个新的发展阶段,被认为是一种战略性新兴产业。

(2)从用户角度看

云计算是一种新的使用模式,主要特征是变买产品为租服务,即用户无须购买硬件和软件产品,而是按需租用提供商的信息技术设施与应用服务。

（3）从提供商角度看

云计算是信息系统架构和运行模式，主要特征是通过互联网为多个用户提供第三方集中式信息技术设施与应用服务。

2. 云计算的特征

根据 NIST 给出的云计算定义，云计算模型包含如下五个基本特征。

（1）按需自助服务

云计算的按需自助服务特点使得用户能够在无须与云服务提供商进行人工交互的情况下根据自己的需求直接使用云计算资源。用户可以根据自己的实际需要来规划对云计算的使用情况，比如说需要多少计算和存储资源，以及如何部署和管理这些资源等。如果服务提供商的自助服务界面方便友好、易于使用，并且能够对所提供的服务进行有效管理，则会使服务方式更加有效，更容易让用户接受并使用。

（2）宽带网络连接

云计算通过互联网提供服务，这就要求云计算必须具备高宽带通信链路，使得用户能够通过各种各样的瘦和胖客户端平台（如笔记本、手机、PDA 等）快速地连接到云服务，进而使云计算成为企业内部数据中心的有力竞争者。很多组织使用由接入层交换机、汇聚层交换机、核心层路由器与交换机组成的三层架构将各种计算平台连接到局域网中，其中接入层交换机用于将桌面设备连接到汇聚层交换机；汇聚层交换机用于控制数据流；核心层路由器与交换机用于连接广域网和管理流量。

这种三层架构方式将产生 $50\mu s$ 或更长的等待时间，进而导致使用云计算时的延时问题。将交换机环境的等待时间控制在 $10\mu s$ 以内才能获得好的性能。如果将汇聚层交换机去掉，使用 10G 以太网交换机或即将面世的 100G 以太网交换机组成的两层架构就能满足这种需求。

（3）位置无关资源池

云计算需要具有一个大规模、灵活动态的共享资源池来满足用户需求，最优性能地为用户执行的应用程序有效分配它所需要的资源。NIST 指出：“云计算的资源与位置无关，用户通常无法控制或了解所提供资源的具体位置，但他们可以在一个较高抽象层次上指定资源的位置，例如某个国家、某个州或者某个数据中心。”也就是说，云计算中的资源在物理上可以分布于多个位置，通过虚拟化技术被抽象为虚拟的资源，当被需要时作为虚拟组件进行分配。

（4）快速伸缩能力

伸缩性是指根据需要向上或向下扩展资源的能力。对用户来说，云计算的资源数量是没有界限的，他们可按照需求购买任何数量的资源。为了满足按需自助服务特征的需求，云计算对所分配的资源必须具备能够快速有效地增加或缩减的能力。这样的快速伸缩性可以使用户的应用在需要更多的资源时能够立即获得，保证了关键应用的高响应速度；也可以使用户在应用结束后不需要这么多的资源时尽快将资源释放，从而减少费用、降低成本。云计算提供商需要考虑实现松耦合服务，使各种服务的伸缩性彼此之间保持相对独立，即不依赖于其他服务的伸缩能力，从而来提供快速伸缩能力。

（5）可被测量的服务

NIST 对可测量服务的观点是："通过利用在某种抽象层次上适用于服务类型（例如存储、处理、带宽以及激活用户数量）的计量能力，云系统可以实现资源使用的自动控制和优化。云可以对资源的使用情况进行监控、控制和报告，让服务的提供者和使用者都了解服务使用的相关情况。"也就是说，由于云计算面向服务的特性，用户所使用的云计算资源的数量能够得到动态、自动地分配和监控，进而使得用户可以按照某种计量方式为自己使用的云计算资源支付使用费用，比如按照所消耗资源的成本进行付费。

3.云计算的分类

用户以互联网为主要接入方式，获取云中提供的服务，根据自己的需求不同，获取的服务类型是不同的。

（1）按照服务类型分类

所谓云计算的服务类型，就是指其为用户提供什么样的服务；通过这样的服务，用户可以获得什么样的资源；以及用户该如何去使用这样的服务。目前业界普遍认为，以服务类型为指标，云计算可以分为以下三类，如图 5-3 所示。

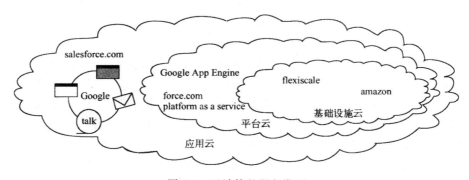

图 5-3　云计算的服务类型

①基础设施云(Infrastructure Cloud)：如 Amazon EC2。这种云为用户提供的是底层的、接近于直接操作硬件资源的服务接口。通过调用这些接口，用户可以直接获得计算和存储能力，而且非常自由灵活，几乎不受逻辑上的限制。

②平台云(Platform Cloud)：如 Google App Engine。实际上这种云为用户提供的是一个托管平台，用户可将自己开发的软件或应用托管到云平台上。需要指出的是，此软件或应用必须遵守云平台的相关规定，如语言、编程框架、数据存储等的规定。

⑨应用云(Application Cloud)：如 Salesforce.com。这种云通常为用户提供可直接应用的平台，这类应用一般是基于浏览器的应用。应用云最容易被用户所使用的，这是因为它已经被开发完全，只需要完成定制就可以交付。

这三种类型的特点如表 5-2 所示。

表 5-2　按服务类型划分的云计算的特点

分类	服务类型	运用的灵活性	运用的难易程度
基础设施云	接近原始的计算存储能力	高	难
平台云	应用的托管环境	中	中
应用云	特定功能的应用	低	易

同时，这三种云计算的类型分别对应三种云计算的服务：基础设施服务(Infrastructure-as-a-Service，IaaS)，平台即服务(Platform-as-a-Service，PaaS)和软件即服务(Software-as-a-Service，SaaS)。

IaaS 消费者通过 Internet 可以从完善的计算机基础设施获得服务，也就是基础设施云；PaaS 将软件研发的平台作为一种服务，以 SaaS 的模式提交给用户，也就是平台云；SaaS 通过 Internet 提供软件的模式，用户无须购买软件，而是向提供商租用基于 Web 的软件，来实现企业经营活动的管理，即应用云。

(2)按照服务方式分类

按照云计算提供者与使用者的所属关系为划分标准，将云计算分为三类，即公有云、私有云和混合云。

4.云计算的特点

云计算最终带来的更多的是使用的便捷，所以从用户角度，云计算有着其独特的吸引力,云计算的特点如表 5-3 所示。

就云计算的本质而言,云计算的主要特征包括以下几方面:

(1)整体虚拟化,即把软件、硬件等 IT 资源进行虚拟化,抽象成标准化的虚拟资源,放在云计算平台中统一管理,保证资源的无缝扩展;

(2)多粒度和多尺度,即灵活地面对需求,提供不同的服务;

(3)不确定性,是群体智能的体现,表现出自然界不确定性特征。

表 5-3　云计算的特点

特点	解释与举例
超大规模	"云"具有相当的规模,Google 云计算已经拥有 100 多万台服务器,亚马逊、IBM、微软、雅虎等的"云"均拥有几十万台服务器。企业级的私有云一般拥有数百上千台服务器。"云"能赋予用户前所未有的计算能力
虚拟化	所请求的资源来自"云",而不是固定的有形的实体。应用在"云"中某处运行,但实际上用户无需了解、也不用担心应用运行的具体位置
高可靠性	"云"使用了数据多副本容错、计算节点同构可互换等措施来保障服务的高可靠性,使用云计算比使用本地计算机可靠
通用性	云计算不针对特定的应用,在"云"的支撑下可以构造出千变万化的应用,同一个"云"可以同时支撑不同的应用运行
高可扩展性	"云"的规模可以动态伸缩,满足应用和用户规模增长的需要。可以将复杂的工作负载分解成小块的工作,并将工作分配到可逐渐扩展的架构中
按需服务	"云"是一个庞大的资源池,可按需购买;云可以像自来水、电、煤气那样计费
廉价	由于"云"的特殊容错措施可以采用极其廉价的节点来构成云,用户可以充分享受"云"的低成本优势,经常只要花费几百美元、几天时间就能完成以前需要数万美元、数月时间才能完成的任务
动态性	"云"能够监控计算资源,并根据已定义的规则自动地平衡资源的分配
灵活	"云"响应快速,资源共享的同时进行隔离,适应业务的快速增长

5.云计算与物联网

云计算是在互联网基础上发展起来的概念,云计算从根本上改变了互联网的原有结构,弱化了终端的概念,从而提高了资源的整体利用效率。

互联网与物联网的区别在于,互联网主要处理人输入的数据,而物联网除了处理人输入的数据外还处理机器输入的数据,机器输入的数据量是非常庞大的。随着物联网的快速发展,云计算也有了它新的含义,从开始的连接计算机到现在的连接所有的人和机器。

物联网的规模迅速扩展后,它需要与云计算结合起来。云计算中心对接入网络的普遍适应性,解决了物联网中 M2M(Machine-to-Machine)应用的广泛性。目前,物联网在行业的应用都需要借助云计算辅助解决相关问题,具体如下:

(1)云计算有效地解决了物联网中服务器节点不可靠的问题,从而最大程度上降低了服务器的出错率。物联网中的海量数据和信息需要巨大数目的服务器。随着服务器数目的增多,服务器节点出错的概率也会随之变大。而利用云计算,云中有成千上万、甚至上百万台服务器,即使某些服务器出错了,也可以利用冗余备份等技术迅速恢复服务,保障物联网真正实现无间断的安全服务。

(2)云计算可以解决物联网中访问服务器资源受限的问题。服务器相关硬件的资源的承受能力是有限的,当访问超过服务器本身的限制时,服务器就会崩溃。物联网要求保障对服务器有很高的访问需求,来满足数据和信息的爆炸性增长。但这种访问需求是不确定的,它会随着时间而发生变化。通过云计算技术,可以动态地增加或减少云中服务器的数量和数目,随时满足物联网中服务器的访问需求。

(3)云计算扩大了物联网的应用范围,使得物联网在更大的范围内进行资源的共享。物联网中的信息能够直接地存放在云中,云中的服务器遍布全球各地。只要物体具有传感的功能,它就能够被感知到,云中的服务器也就能够接收到它的信息,从而实现了最新信息的共享。

(4)云计算从根本上增强了物联网的数据处理功能,有效提升了智能化的处理程度。由于物联网应用的不断扩大,由此而产生了大量的业务数据。通过云计算技术全面提升了计算能力,如云中的大规模计算机集群将海量数据进行快速分解,将大任务化解成若干子任务,从而实现了对海量数据的快速存储、处理以及分析和挖掘,在最短的时间内掌握了大量有价值的信息。

云计算的核心是利用虚拟化的平台提供各种各样的服务,物联网的应用本身就是以"云"的方式存在的,由这个角度可以看出物联网需要云计算来解决海量数据的问题,是云计算在现实中的一种应用形式。

5.4 数据挖掘

5.4.1 数据挖掘的定义

数据挖掘(Data Mining,DM)又称数据库中的知识发现(Knowledge Discover in Database,KDD),是人工智能领域和数据库领域的热点话题。数据挖掘就是指从大量的数据中提取出隐含的、先前未知的有潜在价值的信息的非平凡过程。具体地说,数据挖掘的过程是一种决策支持的过程,它基于人工智能、机器学习、逻辑学、统计学、模式识别、数据库及可视化技术,以高度自动化的模式对企业数据进行全面分析,经归纳总结做出合理的推理,挖掘出潜在的信息,帮助决策者建立市场策略,做出正确的决策。

知识发现过程主要有以下三个阶段:

(1)数据准备。

(2)数据挖掘。

(3)结果表达和解释。

数据挖掘可以与用户或知识库交互。

1.技术上的定义及含义

如图 5-4 所示为数据挖掘的基本流程图。

数据挖掘通过分析每个数据,从大量数据中寻找其规律的技术,可分为三个步骤,分别是数据准备阶段、规律寻找阶段与规律表示阶段。①数据准备阶段。数据准备是从数据源中选取所需数据,并将它们合并为数据集;②规律寻找阶段。所谓规律寻找是利用某种方法将数据集所含的规律找出来;③规律表示阶段。这一阶段的主要任务是将找出的规律尽可能地以用户能够理解的方式表现出来。

数据挖掘的主要任务有:①关联分析;②聚类分析;③分类分析;④异常分析;⑤特异群组分析;⑥演变分析。

并不是所有的信息发现任务都称为数据挖掘。如利用数据库管理系统查找个别记录,或使用因特网查找特定的 Web 页面,则属于信息检索(Information Retrieval)的内容。

2.商业角度的定义

从商业的角度出发,数据挖掘又是一种新的商业处理技术,其特点是对大量的商业数据有效地进行提取、转换以及分析和其他模型化处理,从而提取有助于商业决策的关键数据。

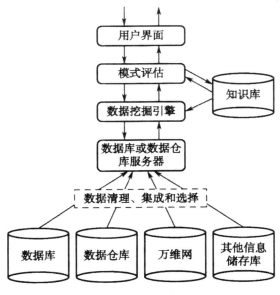

图 5-4　典型数据挖掘流程图

　　总而言之,数据挖掘本质上是一种深层次的数据分析方法。数据分析已有几十年的发展,在数据分析的初级阶段数据收集与分析的主要目的是科研。此外,由于当初计算机的处理能力非常有限,所以对海量数据的处理十分有限。现在,各行各业的自动化逐步实现,因此商业领域产生了数量庞大的业务数据,这类数据不是为了进行数据分析而收集的,而是由纯粹的商业运转而产生的。对于这类数据的分析,不再是为了传统的数据研究,更重要的原因是为了给商业决策提供更有价值的信息,由此而获得更高的利润。目前,所有的企业都面临着这样的问题:企业数据量非常庞大,但有用的数据很少,因此从大量数据中提取有用的信息就像从矿石中淘金一样,数据挖掘才显得更有意义。

　　综上所述,商业数据挖掘可定义为:企业按照既定目标,对大量的企业数据进行深层次的挖掘和探索,揭示出隐藏的、未知的规律,并进一步将其模型化的先进有效的方法。

5.4.2　数据挖掘的常用方法

　　利用数据挖掘进行数据分析常用的方法主要有分类、回归分析、聚类分析、关联规则、特征分析、Web 页挖掘等。一个典型的数据原型系统如图 5-5 所示。

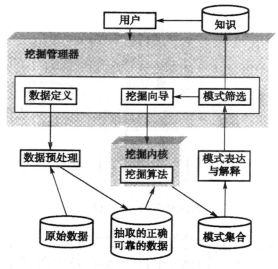

图 5-5 典型的数据原型系统

数据挖掘分别从不同的角度对数据进行挖掘。

1. 分类

分类是将数据库中的一组具有共同特点的数据找出并按照分类模式将其分为不同的类别，分类的目的是通过分类模型，将数据库中的数据项映射到某个给定的类别。它可以应用到客户的分类、客户的属性和特征分析、客户满意度分析、客户的购买趋势预测等，如一个汽车零售商将客户按照对汽车的喜好划分成不同的类，这样营销人员就可以将新型汽车的广告手册直接邮寄到有这种喜好的客户手中，从而大大增加了商业机会。

2. 回归分析

回归分析反映的是事务数据库中属性值在时间上的特征，产生一个关于数据项与实值预测变量的函数，发现变量与属性间的相互依赖关系，其研究的主要问题包括数据序列的趋势特征、数据序列的预测以及数据间的相关关系等。回归分析可以应用到市场营销的各个方面，如客户寻求、预防客户流失、产品生命周期以及对销售活动的预测等。

3. 聚类分析

所谓聚类分析是指将一组数据按照相似性与差异性进行分类，其主要目的是将属于同一类别的数据间的相似性最大化,不同类别的数据间的相似性最小化。聚类分析主要用于客户群体的分类、客户背景的分析以及市场的细分等等。

4.关联规则

关联规则描述的是数据库中数据项之间所存在关系的规则,即根据一个事务中某些项的出现导出另一些项在同一事务中也能出现,这是一种隐藏的数据间关联或相互关系。在客户的关系管理中,通过对企业客户数据库的有效挖掘,可以发现各种各样的关联关系,从中找出影响市场营销的主要因素和次要因素,通过对主要因素的分析,就可以为企业的产品定位、客户群定制、客户寻求、市场营销与推销等提供有力的参考依据。

5.特征分析

所谓特征分析是指从数据库中提取关于这类数据的特征式,这些特征式能够反映该组数据的总体特征。例如,营销人员通过对客户流失的因素进行特征提取,从而得到一组关于客户流失的一系列原因与主要特征,通过对这些特征进行有效的分析就可以避免和预防客户的流失。

6.Web 页挖掘

随着 Internet 的迅速发展及 Web 的全球普及,使得 Web 上的信息量十分丰富,通过对 Web 的挖掘,对 Web 的海量数据进行综合分析,收集有关政治、经济、农业、科技、金融、竞争对手、供求信息等有关的信息,集中精力重点分析那些对企业的发展有重要作用的或潜在影响力的信息,并通过分析发现企业管理中所存在的问题以及有可能引起的管理危机,通过对这些信息的综合分析和处理,以便更好地识别、分析、评价与管理危机。

5.4.3　数据挖掘的功能

数据挖掘通过对未来的趋势的分析与预测,并作出具有前瞻性的决策。数据挖掘的主要目标是发现数据库中的隐含的、先前未知的、具有重要意义的数据,数据挖掘的功能主要有以下五种。

1.自动预测趋势和行为

数据挖掘能够自觉地在数据库中寻找预测性信息,之前需要通过手工分析的问题,现在都可以通过数据库得到解决。例如对市场的预测,数据挖掘从以往的数据中寻找有关未来投资回报最大的用户,此外,它还可以预测公司的运营趋势以及预报破产。

2.关联分析

数据关联是数据库中存在的一类重要的可被发现的知识。如果两个或多个变量的取值之间存在某种规律性,就称为关联。关联可分为简单关联、时序关联、因果关联。关联分析的目的是找出数据库中隐藏的关联网。有时并不知道数据库中数据的关联函数,即使知道也是不确定的,因此关联分析生成的规则带有可信度。

3.聚类

数据库中的记录可被划分为一系列有意义的子集,即聚类。聚类增强了人们对客观现实的认识,是概念描述和偏差分析的先决条件。聚类技术主要包括传统的模式识别方法和数学分类学。20世纪80年代初,聚类技术被提出其要点是,在划分对象时不仅考虑对象之间的距离,还要求划分出的类具有某种内涵描述,从而避免了传统技术的某些片面性。

4.概念描述

概念描述就是对某类对象的内涵进行描述,并概括这类对象的有关特征。概念描述分为特征性描述和区别性描述,前者描述某类对象的共同特征,后者描述不同类对象之间的区别。生成一个类的特征性描述只涉及该类对象中所有对象的共性。生成区别性描述的方法很多,如决策树方法、遗传算法等。

5.偏差检测

数据库中的数据常有一些异常的记录,在数据库中检测这类数据很有意义。偏差主要包括一些潜在的知识,如分类中的反常实例、不满足规则的特例、观测结果与模型预测值的偏差、量值随时间的变化等。偏差检测的基本方法是,寻找观测结果与参照值之间有意义的差别。

5.4.4　数据挖掘的应用

数据挖掘一般应用于零售业、直销界、制造业、财务金融保险、通信业以及医疗服务等。

1.数据挖掘在电信行业中的应用

价格竞争空前激烈,语音业务增长趋缓,快速增长的中国移动通信市场正面临着前所未有的生存压力。中国电信业改革的加速推进形成了新的竞争态势,移动运营市场的竞争广度和强度将进一步加大,这特别表现在集团客户领域。移动信息化和集团客户已然成为未来各运营商应对竞争、获取持续增长的新引擎。

（1）实施背景

中国移动现有计费系统维护成本高，这侵蚀了计费业务单位的盈利能力。当前高科技个性化的客户支持模式不可扩展，无法应对爆炸性的需求增长，可能会导致用户流向竞争对手。RDBMS 解决方案无法满足存储规模和实时查询要求，进而无法为用户提供满意的服务。

（2）解决方案

其解决方案主要表现在三方面：

①优化硬件性能，以处理大数据。使用 Apache Hadoop 软件的英特尔分发版与至强 5600 系列搭配的通用计算平台，进而降低总的保有成本及提高性能。

②基于 Hadoop 的近实时分析。采用 Apache Hadoop 软件的英特尔分发版来消除数据访问瓶颈和发现用户使用习惯，开展更有针对性的营销和促销活动。

③利用 Hadoop 分布式数据库（Hadoop HBase）扩展存储。Apache Hadoop 软件的英特尔分发版的"大数据表"增强了 Hadoop HBase，可以跨节点自动分割数据表，降低存储扩展成本。

（3）技术创新

其技术创新主要表现在以下两方面：

①基于 Apache Hadoop 软件的英特尔分发版的基本优化算法，应用程序变得更高效，计算存储数据可以更均衡地分布。借助至强系列硬件技术，英特尔至强处理器安装程序控制的自动调谐配置有助于无缝地优化性能。

②经过充分测试的企业级 Hadoop 版本可确保长期稳定运行。与最新的开放源码相集成，确保了各个组成部分之间的一致性，并且得到英特尔充分支持，从而简化了运营管理。

（4）商业价值

数据挖掘在电信行业中的应用的商业价值主要表现在以下几方面：

①解决方案性能因此显著提高，降低了整体硬件投资，提高能源效率，并提供了一个未来升级路径。

②由于集群分配服务的总体网络带宽高，这个解决方案带来了高速的 HBase 数据库访问。

③新账单查询系统具有较低的总体拥有成本、高扩容能力和高处理性能，

从而为中国移动广东公司在高业务量的背景下不断改进客户服务奠定了非常坚实的基础。

2.数据挖掘在市场营销中的应用

数据挖掘技术在企业市场营销中得到了比较普遍的应用,它是以市场营销学的市场细分原理为基础,其基本假定是"消费者过去的行为是其今后消费倾向的最好说明"。

通过收集、加工和处理涉及消费者消费行为的大量信息,确定特定消费群体或个体的兴趣、消费习惯、消费倾向和消费需求,进而推断出相应消费群体或个体下一步的消费行为,然后以此为基础,对所识别出来的消费群体进行特定内容的定向营销,这与传统的不区分消费者对象特征的大规模营销手段相比,大大节省了营销成本,提高了营销效果,从而为企业带来更多的利润。

5.5　数据融合

无线传感器网络应用都是由大量的传感器节点构成的,共同完成信息收集、目标监视和感知环境的任务。由于网络的通信带宽和能量资源存在着局限性,能量问题使得传感器网络的寿命存在很大的约束,而在进行信息采集数据传送的过程中,由各个节点单独传输至汇聚节点的方法显然是不合适的,同时还会带来降低信息的收集效率及影响信息采集的及时性等问题,因此人们通过研究提出了数据融合的方案。作为无线传感器网络的关键技术之一,数据融合是将多份数据或信息进行处理,组合出更有效、更符合用户需求的数据的过程。

5.5.1　数据融合的基本概念

在无线传感器网络的应用中,很多时候我们只关心监测的结果,并不需要收集大量的原始数据,数据融合是处理该类问题的有效手段。

所谓数据融合是指将多份数据或信息进行处理,最后得到更有效、更可靠、更符合用户需求的数据的过程,充分利用不同时间与空间的多传感器数据资源,应用计算机技术对按时间顺序获得的数据进行综合分析,最终获得了对被测对象的一致性描述,进一步实现相应的决策与估计,使系统获得比它的各组成部分更充分的信息,如图 5-6 所示。

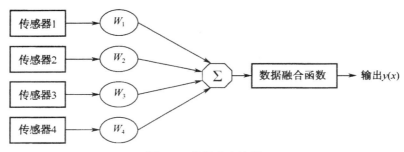

图 5-6　数据融合流程

1. 无线传感器网络数据融合的意义

降低能耗与延长网络寿命对无线传感器而言是一大挑战。在数据收发过程中耗费了大量的传感器节点信息,如果直接将从传感器节点采集到的信息发送至基站,这将会耗尽传感器的节点的能量而导致传感器网络瘫痪。数据融合主要是通过对传感器节点收集到的信息进行网内处理,因此节省了整个网络的能量,增强了所收集数据的准确性,提高了数据收集的效率。

(1)节省能量

传感器网络是由大量的节点组成,并且每一节点的监测范围与可靠性都十分有限。整个网络需要保证鲁棒性与监测数据的准确性,因此传感器的节点需要达到一定的密度,在实现准确监测的同时,各传感器节点也有一定程度的冗余。相邻的传感器节点的数据可能非常接近,如果每个节点都发送数据至汇聚节点,就会造成能量的损耗。而数据融合就是针对以上情况对冗余数据进行网内处理,在数据的中间转发环节进行综合的处理,根据接收装置的需求,去除冗余信息,尽可能地减少网络数据的传输量,而不影响用户获取正确的信息。

(2)提高数据的鲁棒性和准确性

传感器网络由大量传感器节点组成,部署在不同的环境中,从传感器节点得到的信息可能不准确。数据在传输过程中也可能被篡改。而且由于环境的影响,传感器本身也可能发生故障,从而发送错误的数据。

由传感器节点得到的信息可能不够准确,同时数据在传输过程中也有可能被篡改或者传感器本身出现了故障,这些原因都会造成传输数据的错误。数据融合对监测同一对象的传感器的传感器进行综合处理,剔除不合理的数据,得到更加准确的数据,提高了数据的鲁棒性和准确性。

（3）提高数据收集效率

网内数据融合减少了网络内数据的传输量，提高了传感器网络数据收集的效率。即使数据量并未减少，也可以通过合并数据分组来减少分组个数，减少传输中出现的冲突碰撞的概率，从而提高无线通道信道的利用率。

2.无线传感器网络数据融合层次

信息融合数据具有测量级、特征级和决策级三个抽象层面，为此，数据融合分为低层融合、中级融合、高层融合及多层次融合四类。

（1）低层融合

即信号级（测量级）融合，采的数据作为输入提供，组合成比单个输入更精确的数据。

（2）中级融合

即特征/属性级融合，将实体的属性或特征（如形状、质地、位置）融合，得到一个特征图，这个特征图可以用来完成其他任务（如目标分割或监测）。

（3）高层融合

即符号级（决策级）融合，它将决策或符号表示作为输入，将它们组合得到更确定的信息或全局性的决策。

（4）多层次融合

当融合过程包含了不同层次的抽象数据时，融合的输入和输出信息可能来自任何一个层次，这就是多层次融合。

3.无线传感器网络数据融合拓扑

根据网内数据融合技术所依赖的网络拓扑结构，可以分为星形数据融合技术、树形数据融合技术、分簇型数据融合技术和树簇混合型数据融合技术。

（1）星形数据融合技术

整个网络只有一个数据融合节点，所有传感器节点将数据发送给该融合节点。该节点根据接收到的原始数据计算融合值，并将融合值发送给基站。这种方式主要适用于采集与基站相距较远的局部区域的数据，如图5-7所示。

（2）树形数据融合技术

传感器节点部署到采集区域自组织成网，并按照一定的树建立算法建立一个以基站为根的树，如图5-8所示。叶子节点采集到原始数据之后直接发送给父节点。中间节点除了采集本区域的原始数据还等待接收子节点发送的数据（原始数据或融合值），然后计算所有数据的融合值并发送给其父节点。

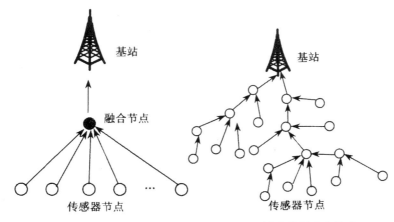

图 5-7 星形数据融合技术　　图 5-8 树形数据融合技术

（3）分簇型数据融合技术

传感器节点部署到采集区域后分成了若干区域，每个区域中的节点通过唯一一个代表节点——簇头与基站进行交互。传感器节点将原始数据发送给簇头，簇头计算出该簇的值，直接发送给基站，如图 5-9 所示。由于簇头的发送距离有限，一般将基站置于各簇中间，避免离基站较远的簇头很快消耗完能量。簇头可以在部署时指定，也可以根据簇头选择算法动态选择。静态指定的簇头一般具有更高的存储空间和计算能力，动态指定的簇头和其他普通节点存储能力与计算能力相同。

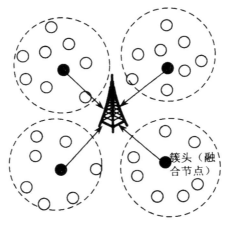

图 5-9 分簇型数据融合技术

（4）树簇型数据融合技术

树簇型数据融合中，簇头形成一棵树，簇头不直接将簇内节点采集的原始数据直接发送给基站，而是发送给其父节点，如图 5-10 所示。父簇头可以直接转发子簇头发送来的信息，也可以融合本簇数据与收到的子簇头的数据，并将融合结果发送给其父簇头。

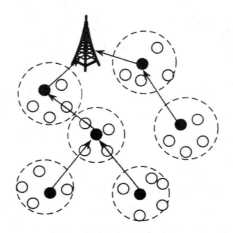

图 5-10　树簇型数据融合技术

5.5.2　数据融合的应用

随着多传感器数据融合技术的快速发展，其应用领域也在不断扩大。多传感器数据融合技术具有消除系统不确定性、提供精确地观测结果的优点，它已经在国防领域、工程监控领域、机器人技术、图像分析与目标跟踪等领域获得广泛的应用。

1.军事应用

数据融合最早起源于军事领域，它主要用于目标的探测、跟踪与识别。具体应用如对舰艇、飞机、导弹等的检测、定位、跟踪和识别及海洋监视、空对空防御系统、地对空防御系统等。通过对最近几年的战争的统计发现，数据融合技术已经在战争中表现出了强大的威力，如在海湾战争与科索沃战争中，数据融合技术发挥了至关重要的技术。

2.复杂工业过程控制

复杂工业过程控制是数据融合应用的重要方向。目前，数据融合技术已经成功地应用于核反应堆与海上石油钻井平台的监视系统中。融合是为了识别引起系统非正常运行的因素,并根据识别结果发出警报。通过多种分析,诸如时间序列分析、频率分析与小波分析后,从各传感器获得的信号模式中提出特征数据,将提取的特征数据输入神经网络模式识别器,神经网络模式识别器进行特征级数据融合,以识别出系统的特征数据,并输入到模糊专家系统进行决策级融合;专家系统推理时,从知识库和数据库中取出领域知识规则和参数,与特征数据进行匹配(融合);最后,决策出被测系统的运行状态、设备工作状况和故障等。

3. 机器人

目前,多传感器数据融合技术在移动机器人与遥操作机器人领域有着广泛的应用,由于这些机器人工作在动态的、不确定的非结构化环境中,因此要求机器人具有高度的自控能力与感知能力,而多传感器数据融合正好能够提高机器人的系统感知能力。实验发现,采用单个传感器的机器人不具备全面感知外部环境的能力。而智能机器人则采用了多个传感器,正是由于多个传感器相互补偿与冗余特性,所以拥有多传感器的智能机器人能够获得外界动态的、比较完整的信息,并对外部环境变化做出响应。

4. 遥感

多传感器融合在遥感领域的应用,主要是通过高空间分辨力全色图像和低光谱分辨力图像的融合,得到高空间分辨力和高光谱分辨力的图像,融合多波段和多时段的遥感图像来提高分类的准确性。

5. 交通管理系统

数据融合技术在交通管理系统中的应用主要有车辆定位、车辆跟踪、车辆导航及空中交通管制系统等。

6. 全局监视

监视较大范围内人和事物的运动和状态,需要运用数据融合技术。例如,根据各种医疗传感器、病历、病史、气候、季节等观测信息,实现对病人的自动监护;利用空中和地面传感器监视庄稼生长情况,进行产量预测;根据卫星云图、气流、温度、压力等观测信息,实现天气预报。

5.6　数据协同与智能决策技术

决策问题没有固定的规律和解决方法,复杂的决策问题甚至难以建立精确的数学模型,所以单纯依靠决策者的主观判断很难及时提出科学的决策方案。传统的决策支持系统(Decision Supports System,DSS)进行了研究,在一定程度上成功地解决了部分半结构化和非结构化决策问题。但随着决策问题的复杂程度和难度日渐加大,传统的 DSS 已经不能满足高新技术的要求。伴随着计算机和网络技术得到了飞速发展,智能化和网络化成为 DSS 的发展趋势。许多先进的人工智能(Artificial Intelligence,AI)技术如机器学习、知识表示、自然语言处理、模式识别及分布式智能系统等都被融入 DSS 的研究中,形成了智能决策支持系统(Intelligent Decision Supports System,IDSS)。IDSS 是界面友好的交互式人机系统,具有丰富的知识,具备强大的数据信息处理能力和学习能力及更加符合人类智能的科学决策的能力。

5.6.1 决策支持系统的形成

1.科学计算

计算机最早用于科学计算,即对科学和工程中的数学问题进行数值计算。数值计算的过程主要包括数学建模、建立求解的计算方法和计算机实现三个阶段。

(1)建立数学模型就是对所研究对象确立一系列数量关系,即一套数学公式或方程式。数学模型一般包含连续变量,如微分方程、积分方程等。它们不能在计算机上直接处理。

(2)建立求解的计算方法,就是把问题离散化,即把问题化为包含有限个未知数——离散形式,再建立有效的求解方法,如解线性代数方程组的直接法。

(3)计算机实现包含编制程序、调试、运算和分析结果等步骤。

数值计算的特点是计算方法比较复杂,方法种类多种多样。如数值微分,数值积分,常、偏微分方程,线性代数方程,有限元等。数值计算关心焦点是计算精度。

2.数据处理

随着计算机应用的发展,60 年代计算机开始向非数值计算的数据处理方向发展。数据处理(Date Processing)是对数据的采集、存储、检索、加工、变换和传输。数据是指数字、符号、字母和各种文字的集合。数据经过解释并赋予一定的意义后,便成为信息。数据处理的基本目的是从大量的、可能是杂乱无章的、难以理解的数据中抽取并计算出对于某些特定的人们来说是有价值、有意义的数据。以电子计算机为工具进行数据处理称为电子数据处理。

电子数据处理包括:①数据的采集和输入。②数据的分析和加工。这是数据处理最关键的环节。典型的操作有分类、排序、计算和综合。③数据的存储和检索。把原始数据、中间数据、最终数据保存起来(文件系统和数据库系统),并提供有效检索这些数据的手段。④数据的输出和传输。数据经过处理之后,将结果以打印文件、图表、记录显示等形式输出和传输。

电子数据处理(EDP)的特点是:①它通常是单项的数据处理任务的专用计算机程序。②它的使用范围小,主要运用在商业、银行、仓库管理等部门。③它面向低层次的管理事务信息处理和辅助服务工作。

3. 管理信息系统

70 年代兴起了管理信息系统(Management Information Systems,MIS)是管理科学和计算机科学结合的产物。管理是人类的一种基本社会实践活动。它按照一定的计划和步骤,服从一定的原则,是个人和各方面的活动协调一致,以最小的代价实现既定的目标。管理信息系统定义为:它是一个由人、计算机结合的对管理信息进行收集、传递、储存、加工、维护和使用的系统。管理信息系统是由大容量数据库支持、以数据处理为基础的计算机应用系统。由于管理信息系统是从系统的观点出发,把分散的信息组织成一个比较完整的信息系统,从而提高了信息处理的效率,也提高了管理水平。

管理系统的建设已经成为企业现代化的重要标志。它能够加快企业资金周转,减少企业储备资金,也能够使企业对市场作出快速反应。如某电视机厂接到外国的一批订货,要求一个月后交付,由于交货期短,事先未安排生产计划,通常不能接受这批订货。而 MIS 系统能迅速查清库存情况,表明可以适应生产需要,因此接受了这批订货,创利 3 万多美元,MIS 产生了经济效益和社会效益。

信息系统的开发一般要经过系统规划,再进行项目开发。系统规划包括:信息系统目标的确定,信息系统主要结构的确定,工程项目的确定以及可行性研究等。项目的开发一般由四个阶段组成,分别是系统分析、系统设计、系统实践与系统评价。

4. 运筹学与管理科学

运筹学是用数学方法研究经济、国防等部门在环境的约束条件下,合理调配人力、物力、财力等资源,使实际系统有效运行。它用来预测发展趋势,制定行动规划或优选可行方案。

管理科学是应用数学、统计学和运筹学的原理和方法,建立数学模型和进行计算机仿真,给管理决策提供科学依据。

5.决策支持系统

决策支持系统(Decision Support System,DSS)是 80 年代迅速发展起来的新型计算机学科。70 年代初由美国 M. S. Scott Morton 在《管理决策系统》一文首先提出决策支持系统的概念。

DSS 实际上是在管理信息系统和运筹学的基础上发展起来的。管理信息系统重点在对大量数据的处理。运筹学在运用模型辅助决策,体现在单模型辅助决策上。随着新技术的发展,所需要解决的问题会愈来愈复杂,所涉及的模型愈来愈多,模型类型也由数学模型再扩充数据处理模型。模型数量不仅是几个而是十多个,几十个,以至上百个模型来解决一个大问题。这样,对多模型辅助决策问题,在决策支持系统出现之前是靠人来实现模型间的联合和协调。决策支持系统的出现是要解决由计算机自动组织和协调多模型的运行,对大量数据库中数据的存取和处理,达到更高层次的辅助决策能力。政策支持系统的新特点就是增加了模型库和模型库管理系统,它把众多的模型有效地组织和存储起来,并且建立了模型库和数据库的有机结合。这种有机结合适应人机交互功能,自然促使新型系统的出现,即 DSS 的出现。它不同于MIS 数据处理,也不同于模型的数值计算,而是它们的有机集成。它既有数据处理功能又有数值计算功能。

5.6.2　决策支持系统概念

1.决策支持系统的定义

决策支持系统是综合利用大量数据,有机组合众多模型(数学模型与数据处理模型),通过人机交互,辅助各级决策者实现科学决策的系统。

2.决策支持系统的结构

DSS 结构如图 5-11 所示。

DSS 使人机交互系统、模型库系统、数据库系统三者有机结合起来。它大大扩充了数据库功能和模型库功能,即 DSS 的发展使管理信息系统上升到决策支持系统的新台阶上。DSS 使那些原本不能用计算机解决的问题逐步变成能用计算机解决。

H. A. Simon 把决策问题分成程序化决策和非程序化决策。现在,人们把程序化决策的提法换成结构化决策。结构化问题是常规的和完全可重复的,每一个问题仅有一个求解方法,可以认为结构化决策问题可以用程序来实现。由于非结构化问题不具备已知求解方法或存在若干求解方法而所得到的答案不一致,这样它难以编制程序来完成。非结构化问题实际上包含着创造性或直观性,计算机难以处理。而人则是处理非结构化问题的能手。把计算机和人结合起来就能有效处理半结构化问题。DSS 的发展能有效地解决半结构化决策问题。它逐步使非结构化决策问题向结构化问题转化。

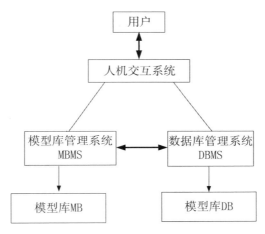

图 5-11　决策支持系统结构

目前,管理信息系统已经是结构化决策问题,主要是由于数据库技术的日渐成熟,可以利用各类计算机上的数据库管理系统语言来编制管理信息系统程序以完成企事业单位的管理工作。

第6章 物联网信息安全技术

物联网在为人们日常生活带来诸多便利的同时,网络信息安全的防护问题也随之而来。如果网络信息安全不能保障,那么随时可能出现个人隐私、物品信息等被泄露或被恶意窃取、修改的情况。由于物联网包含多种网络技术,业务范围也非常广泛,因此,与互联网相比所产生的安全问题也更加多样化。

物联网的构建是基于传统网络的,因此物联网面临同传统网络相同的安全问题。同时,物联网将虚拟网络与现实世界连接起来,把现实世界的物品、设备、系统等连接到网络中,如果网络不安全就会为各种网络攻击提供可能性,甚至成为制约物联网发展的瓶颈。本章在介绍物联网信息安全体系的基础上,着重分析和阐述物联网技术存在的安全隐患,从不同的逻辑层出发对物联网的信息安全需求进行分析,并对如何建立相应的安全机制加以阐述。

6.1 物联网安全新特点

物联网诞生之后,网络的信息安全受到了更大的挑战。物联网作为一个大的系统,其主要表现有以下几个方面:①物联网所对应的传感器网络数量与规模都比单个的传感器网络大很多;②物联网所连接的终端设备的能力相差很大,他们彼此都会相互作用;③物联网处理的数据量十分庞大,比现在的互联网和移动网络都大。

物联网的整合带来了许多安全问题,此外,接入的物越多产生的问题也就越多,如基于物理量的隐蔽信道问题及隐私泄露问题。物联网特有的安全问题可概括如下:

(1)略读(Skimming):在末端设备或 RFID 持卡人在不知情的情况下,信息被读取。

(2)窃听(Eavesdropping):在一个通信通道的中间,信息被中途窃取。

(3)哄骗(Spoofing):伪造复制设备数据,冒名输入到系统中。

(4)干扰(Jamming):伪造数据造成设备阻塞不可用。

(5)屏蔽(Shielding):用机械手段屏蔽电信号让末端无法连接。

（6）克隆（Cloning）：克隆末端设备，冒名顶替。

（7）破坏（Killing）：损坏或盗走末端设备。

物联网安全的主要目标是网络的可用性、可控性，以及信息的机密性、完整性、真实性、可鉴别性和新鲜性等。

1. 物联网传统安全问题

（1）移动通信的安全问题

随着智能终端得到广泛普及，移动通信的安全问题凸显，如手机病毒，或者利用手机软硬件设计的缺陷等使得智能终端不能正常工作；或者利用相关软件向移动终端设备恶意发送垃圾短信等，造成移动终端设备的死机、硬件损坏、显示错误等。虽然针对上述安全威胁已经做出了应对措施，如成立安全小组来对系统的安全原理和目标、安全威胁、安全体系结构、密码算法要求及网络领域安全制定较安全的框架规范，但移动通信系统中的安全依然存在，如用户与网络间的安全性认证仍然是单向的；密钥质量不高，密钥产生存在漏洞；存在管理协商漏洞、管理帧协商交互过程的安全不够等。此外，若智能终端设备丢失后被不法分子利用，通过相应的技术手段，会造成用户信息泄露，可能会导致更严重的后果。

（2）信号干扰

物联网中，特别是感知层从物理世界收集数据，在信息收集和传输的过程中的信号干扰，对个人和国家的信息安全造成威胁。如物品上的传感设备信号受到恶意干扰，很容易造成重要物品损失；不法分子通过信号干扰，窃取、篡改金融机构中的重要文件信息，会给个人和国家造成重大的损失；涉及国家安全或者涉密信息文件，若有人通过物联网采取信号干扰窃取这些机密信息，后果不堪设想。

（3）恶意入侵与物联网相整合的互联网

物联网感知层的设备收集数据后，往往利用现有的互联网以及其他网络将数据传输出去。由于目前互联网遭受病毒、恶意软件、黑客的攻击层出不穷，这对互联网及其他通信网络高度依赖的物联网来说，安全隐患不容小觑。如果恶意软件或黑客绕开物联网的安全防范体系，就可以对物联网进行恶意的操控，甚至侵犯用户的隐私权，造成他人财产损失，更有甚者还会威胁到社会的安稳。

2. 物联网安全特点

物联网作为一个应用整体，各层独立的安全措施简单相加不足以提供可靠的安全保障。物联网各层中,感知层、传输层及应用层的安全不是相互独立的,除了上述传统的物联网安全之外,物联网还具有自己的特殊安全问题。

(1)可跟踪性

任何时候人们可以知道物品的精确位置,甚至其周围环境,即利用RFID、传感器、二维码、手持设备或者移动终端等随时随地获取物体的信息,这个特征对应了物联网的感知层。

(2)可连接性

物联网通过与移动通信技术的结合,实现无线网络的控制与兼容,即能够通过各种电信网络与互联网的融合,将物体的信息实时准确地传递出去,也就是物联网的传输层。

(3)可监控性

物联网还可以通过物品来实现对人或物的监控与保护,即智能化处理的处理,智能化的处理通常是利用云计算、模糊识别等技术对海量数据进行有效处理,对物体实施智能化的控制,或者对人进行检测和保护,对应的是物联网的应用层。

基于物联网传统安全性和其自身的独特安全性问题,物联网信息安全建设要在公共操作环境网络信息平台的体系结构框架指导下实施防护、检测、反应安全方案建设。防护(Protection)的目的在于阻止侵入系统或延迟侵入物联网系统的时间,为检测和反应提供更多的时间;检测(Detection)和发现的目的在于做出反应;反应(Response)是为了修复漏洞,避免损失或打击犯罪。

6.2　物联网安全体系结构

物联网融合了传感网络、移动通信网络和互联网,这些网络面临的安全问题也不例外。与此同时,由于物联网是一个由多种网络融合而成的异构网络,因此,物联网不仅存在异构网络的认证、访问控制、信息存储和信息管理等安全问题,而且其设备还具有数量庞大、复杂多元、缺少有效监控、节点资源有限、结构动态离散等特点,这就使得其安全问题较其他网络更加复杂。

与互联网有所不同,物联网通信将服务的对象扩大到了物品。根据功能的不同,物联网网络体系结构可分为三个层次,分别是感知层、网络层与应用层。感知层处于最低端,它的主要作用是进行信息的采集;网络层处于中间层,它起到数据传输的作用;应用层处于最顶层。物联网安全的总体需求是物理安全、信息采集安全、信息传输安全和信息处理安全的综合,安全的最终目标是确保信息的机密性、完整性、真实性和数据新鲜性,物联网安全层次模型如图 6-1 所示。物联网的安全机制应当建立在各层技术特点和面临的安全威胁的基础之上。

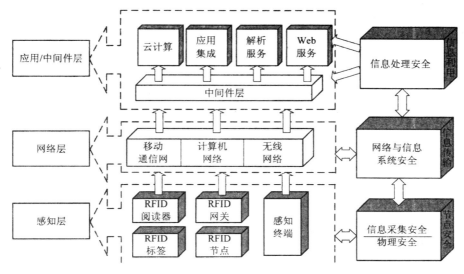

图 6-1 物联网的安全层次模型

6.2.1 感知层安全体系结构

感知层安全体系结构如图 6-2 所示,突出了管理层面在整个感知层安全体系中的地位,并将技术层面纳入到管理层面中,充分说明了安全技术的实现依赖于管理手段及制度上的保证,与管理要求相辅相成。体系中还将检测体系作为整个感知层安全体系的支撑,在检测体系中融合了对管理体系和技术体系的检测要求。技术层面的要求基本涵盖了当前感知层网络中存在的技术方面的主要问题。感知层安全体系的管理层面主要包括节点管理和系统管理两部分要求。其中节点管理具体包括节点监管、应急处理和隐私防护;系统管理具体包括风险分析、监控审计和备份恢复。技术层面主要包括节点安全和系统安全两部分要求。其中节点安全具体包括抗干扰、节点认证、抗旁路攻击和节点外联安全;系统安全具体包括安全路由控制、数据认证和操作系统安全。检测体系主要包括安全保证检查、节点检测、系统检测、旁路攻击检测和路由攻击检测。

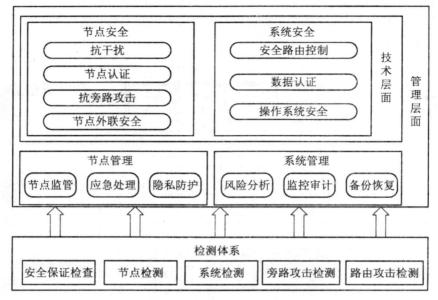

图 6-2　感知层安全体系结构

1.技术层面

技术层面节点安全要求中的抗干扰是指感知节点应实现抗信号干扰措施,支持数据编码和数据完整性校验,提高抗干扰能力。节点认证是指感知层节点和信息接收方均含有身份信息或可提供身份证明,实现感知节点和信息接收方双向认证。节点认证可分为单因子认证和双因子认证两个级别。抗旁路攻击又分为抗功耗旁路攻击和抗故障注入旁路攻击。抗功耗旁路攻击是指感知节点部署抗功耗旁路攻击防护措施,在 SPA、DPA、CPA、SEMA、DEMA 等多种分析方式下,可防御 DES、AES、RSA、ECC、COMP128 等算法的功耗旁路攻击;抗故障注入旁路攻击是指感知节点部署抗故障注入旁路攻击防护措施,可防御 DES、AES、RSA 等算法的故障注入攻击。节点外联安全是指感知节点的 U 口、串口、蓝牙、无线网口、1394 口等外联端口应进行控制,可采用禁用(关闭无用的外联端口)、审计(记录端口外联的日志信息防护措施)和加固(安装外联端口监控与报警等相关软件)的方式。

2.管理层面

管理层面节点管理要求中的节点监管是指对感知节点的物理信息、能量状况、数据通信行为、交互运行状态及设备信息进行监管,识别恶意、损害节点。应急处理是指根据感知节点的重要程度和运行安全的不同要求,实现感知节点应急处理的安全机制和措施,可分为设备正常的备份机制和安全管理机构。隐私防护是指感知层可提供感知节点位置信息防护,用户可掌控感知节点位置信息;提供制度约束,按照知情权、选择权、参与权、采集者、强制性五项原则执行;提供数据混淆机制,混淆位置信息中的其他部分。系统管理要求中的风险分析是指以感知层节点安全运行和数据安全保护为出发点,全面分析由于物理环境、节点、管理、人为等原因所造成的安全风险;通过对影响感知节点运行的诸多因素的分析,明确存在的风险,并提出减少风险的措施;对常见的风险进行分析,确定每类风险的威胁程度;感知节点设计前要进行静态风险分析,以发现潜在的安全隐患;感知节点运行时要进行动态风险分析,监控并审计相关活动;采用相关分析工具,完成风险分析与评估,并制定相应的整改措施。监控审计是指在感知层重要位置部署监控与审计节点和探测节点,实时监听并记录感知层其他节点的物理位置、通信行为等状态信息,在发现损坏节点、恶意节点、违规行为和未授权访问行为时报告感知层中心处理节点。备份恢复是指为了实现确定的恢复功能,必须在感知节点正常运行时定期地或按某种条件实施备份,不同的恢复要求应用不同的备份进行支持,根据感知的存储要求和计算能力,实现备份与故障恢复的安全技术和机制分为关键节点备份恢复和中间件备份恢复。

3. 检测体系

检测体系中的安全保证检查是指对感知层安全工程的资质保证、组织保证、项目实施和安全工程流程要依据《信息安全技术——信息系统安全工程管理要求》(GB/T 20282—2006)中的相关条款进行检查。节点检测是指对恶意节点、损坏节点的检测分析。这种分析通过对节点的物理信息、能量状况、数据通信行为以及物理损害感知机制获取的数据进行检测和分析,发现存在的安全隐患。系统检测是指从操作系统的角度,评估账户设置、系统补丁状态、病毒与木马探测、程序真实性以及一般与用户相关的安全点等,从而监测和分析操作系统的安全性。旁路攻击检测又分为功耗/电磁辐射和故障注入检测分析两种。功耗/电磁辐射注入分析技术通过采集加密过程中的芯片功耗或发出的电磁辐射来检测感知节点的抗旁路攻击能力;故障注入分析技术采用物理方法干扰密码芯片的正常工作,分析其执行的某些错误操作来检测其抗旁路攻击能力。路由攻击检测是指通过在关键部位部署恶意节点,来模拟侵袭方法,检测并报告感知层的路由安全性。

6.2.2　传输层安全体系结构

随着计算机网络的普及与发展,网络为我们创造了一个可以实现信息共享的新环境。但是由于网络的开放性,如何在网络环境中保障信息的安全始终是人们关注的焦点。在网络出现的初期,网络主要分布在一些大型的研究机构、大学和公司,由于网络使用环境的相对独立和封闭性,网络内部处于相对安全的环境,在网络内部传输信息基本不需要太多的安全措施。随着网络技术的飞速发展,尤其是 Internet 的出现和以此为平台的电子商务的广泛应用,如何保证信息在 Internet 的安全传输,特别是敏感信息的保密性、完整性已成为一个重要问题,也是当今网络安全技术研究的一个热点。

在许多实际应用中,网络由分布在不同站点的内部网络和站点之间的公共网络组成。每个站点配有一台网关设备,由于站点内网络的相对封闭性和单一性,站点内网络对传输信息的安全保护要求不大。而站点之间的网络属于公共网络,网络相对开放,使用情况复杂,因此需要对站点间的公共网络传输的信息进行安全保护,如图 6-3 所示。

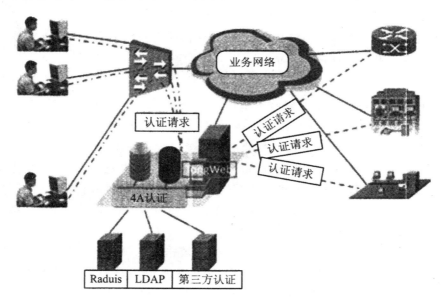

图 6-3　企业、个人之间的通信传输

在网络层中,IPSec 可以提供端到端的网络层安全传输,但是它无法处理位于同一端系统之中的不同的用户安全需求,因此需要在传输层和更高层提供网络安全传输服务,来满足这些要求。而传输层安全协议的特点就是:基于两个传输进程间的端到端安全服务,保证两个应用之间的保密性和安全性,为应用层提供安全服务。Web 浏览器是将 HTTP 和 SSL 相结合,因为技术实现简单,所以在电子商务中也有应用。在传输层中使用的安全协议主要是SSL(Secure Socket Layer,安全套接字层协议)。

SSL 是由 Netscape 设计的一种开放协议,它指定了一种在应用程序协议(例如 HTTP、Telnet、NNTP、FTP)和 TCP/IP 之间提供数据安全性分层的机制。SSL 为 TCP/IP 连接提供数据加密、服务器认证、消息完整性检验以及可选的客户机认证。SSL 的主要目的是在两个通信应用程序之间提供私密信和可靠性。这个过程通过三个元素来完成:

(1)握手协议

这个协议负责协商被用于客户机和服务器之间会话的加密参数。当一个SSL 客户机和服务器第一次开始通信时,它们在一个协议版本上达成一致,选择加密算法,选择相互认证,并使用公钥技术来生成共享密钥。

(2)记录协议

这个协议用于交换应用层数据。应用程序消息被分割成可管理的数据块,还可以压缩,并应用一个 MAC(消息认证代码),然后结果被加密并传输。接收方接收数据并对它解密,校验 MAC,解压缩并重新组合它,并把结果提交给应用程序协议。

(3)警告协议

这个协议用于指示在什么时候发生了错误或两个主机之间的会话在什么时候终止。

下面我们来看一个使用 Web 客户机和服务器的范例。Web 客户机通过连接到一个支持 SSL 的服务器,启动一次 SSL 会话。支持 SSL 的典型 Web服务器在一个与标准 HTTP 请求(默认为端口 80)不同的端口(默认为 443)上接受 SSL 连接请求。当客户机连接到这个端口上时,它将启动一次建立SSL 会话的握手。当握手完成之后,通信内容被加密,并且执行消息完整性检查,直到 SSL 会话过期。SSL 创建一个会话,在此期间,握手必须只发生过一次。SSL 握手过程步骤如下。

步骤 1:SSL 客户机连接到 SSL 服务器,并要求服务器验证它自身的身份。

步骤 2:服务器通过发送它的数字证书证明其身份。这个交换还可以包括整个证书链,直到某个根证书权威机构(CA)。通过检查有效日期并确认证书包含有可信任 CA 的数字签名,来验证证书。

步骤3：服务器发出一个请求，对客户端的证书进行验证。但是，因为缺乏公钥体系结构，当今的大多数服务器不进行客户端认证。

步骤4：协商用于加密的消息加密算法和用于完整性检查的哈希函数。通常由客户机提供它支持的所有算法列表，然后由服务器选择最强健的加密算法。

步骤5：客户机和服务器通过下列步骤生成会话密钥：①客户机生成一个随机数，并使用服务器的公钥（从服务器的证书中获得）对它加密，发送到服务器上；②服务器用更加随机的数据（客户机的密钥可用时则使用客户机密钥，否则以明文方式发送数据）响应；③使用哈希函数，从随机数据生成密钥。

6.2.3　应用层安全体系结构

1.物联网应用层安全分析

在现代社会物联网应用极为普遍，不仅很多企事业单位的发展依赖物联网平台，而且很多高档社区的建立也是基于物联网的应用。实际上，从构建伊始，物联网应用层的安全架构并不完善，甚至可以说岌岌可危。为了能够将物联网应用层的安全框架搭建起来，相关领域的研究人员耗费了不少资源。就以物联网模式下的物流信息系统的安全管理模式来看，无论是电子标签还是RFID 射频技术的普及应用，都需要安全管理为其扫清障碍。

2.物联网应用层的安全架构

在现代人的日常生活中，对物联网的应用频率越来越高，安全平台的搭建迫在眉睫。实际上，物联网应用层的安全架构及相关技术已经与平台对接，包括认证与密钥管理机制、安全路由协议、入侵检测、数据安全与隐私保护技术等，这些都是为了构建完善的物联网安全架构所做出的努力。尽管如此，面向物联网应用层的安全架构仍不能面面俱到，对此，业界专家提出一种基于安全代理的感知层安全模型，为依托物联网平台运作的各个应用终端提供优化服务。

3.物联网应用层安全架构前景的规划

目前，面向物联网应用层安全架构的构建拟整合云服务，并且通过科学分析网络信息数据，保障物联网环境安全，云计算项目与物联网应用层安全架构的整合实践是拓展该领域发展空间的重要策略。总之，随着现代科技的发展，科技将人们的隐私暴露于众，甚至时刻都可能面临恶意的侵袭，而IT 业界的管理者们正在紧锣密鼓地钻研并实践面向物联网应用层的安全管理措施，在平台之上构建起超级物联网应用体系模型,进而为广大物联网用户保驾护航。

6.3　感知层安全需求及安全策略

6.3.1　感知层的安全需求

感知层由具有感知、识别、控制和执行等能力的多种设备组成,采集物品和周围环境的数据,完成对现实物理世界的认知和识别。感知层的主要功能是全面感知,即利用 RFID、传感器、二维码等随时随地获取物体的信息。RFID 技术、传感和控制技术、短距离无线通信技术是感知层涉及的主要技术,其中包括芯片研发、通信协议研究、RFID 材料、智能节点供电等细分领域。感知层感知物理世界信息的两大关键技术是射频识别技术和无线传感器网络技术。感知层作为物联网的基础,负责感知、收集外部信息,是整个物联网的信息源。因此,感知层数据信息的安全保障将是整个物联网信息安全的基础。

从信息安全和隐私保护的角度讲,物联网终端(RFID、传感器、智能信息设备)的广泛引入在提供更丰富信息的同时也增加了暴露这些信息的危险。物联网感知层主要面临以下安全威胁。

(1)物理攻击

攻击者实施物理破坏使物联网终端无法正常工作,或者盗窃终端设备并通过破解获取用户敏感信息。

(2)传感设备替换威胁

攻击者非法更换传感器设备,导致数据感知异常,破坏业务正常开展。

(3)假冒传感节点威胁

攻击者假冒终端节点加入感知网络,上报虚假感知信息,发布虚假指令或者从感知网络中合法终端节点骗取用户信息,影响业务正常开展。

(4)拦截、篡改、伪造、重放

攻击者对网络中传输的数据和信令进行拦截、篡改、伪造、重放,从而获取用户敏感信息或者导致信息传输错误,业务无法正常开展。

(5)耗尽攻击

攻击者向物联网终端泛洪发送垃圾信息,耗尽终端电量,使其无法继续工作。

(6)卡滥用威胁

攻击者将物联网终端的(U)SIM 卡拔出并插入其他终端设备滥用(如打

电话、发短信等），对网络运营商业务造成不利影响。

感知层可能遇到的安全挑战包括下列情况。

（1）感知层的网关节点被敌手控制——安全性全部丢失。

（2）感知层的普通节点被敌手控制，如敌手掌握节点密钥就可实现对节点控制。

（3）感知层的普通节点被敌手捕获，由于没有得到节点密钥，而没有被控制。

（4）感知层的节点包括普通节点或网关节点受到来自于网络的 DOS 攻击。

（5）接入到物联网的超大量传感节点的标识、识别、认证和控制问题。

感知层的安全应该包括节点抗 DOS 攻击的能力。感知层接入互联网或其他类型网络所带来的问题不仅仅是感知层如何对抗外来攻击的问题，更重要的是如何与外部设备相互认证的问题，而认证过程又需要特别考虑感知层节点资源的有限性，因此认证机制需要的计算和通信代价都必须尽可能小。此外，对外部互联网来说，其所连接的不同感知层的数量可能是一个庞大的数字，如何区分这些感知层及其内部节点，有效地识别它们，是安全机制能够建立的前提。

感知层的安全需求可以总结为如下几点。

（1）机密性

多数传感网内部不需要认证和密钥管理，如统一部署的共享一个密钥的传感网。

（2）密钥协商

部分传感网内部节点进行数据传输前需要预先协商会话密钥。

（3）节点认证

个别传感网（特别当传感数据共享时）需要节点认证，确保非法节点不能接入。

（4）信誉评估

一些重要传感网需要对可能被敌手控制的节点行为进行评估，以降低敌手入侵后的危害（某种程度上相当于入侵检测）。

（5）安全路由

几乎所有传感网内部都需要不同的安全路由技术。

6.3.2　感知层的安全架构

在传感网内部,需要有效的密钥管理机制,用于保障传感网内部通信的安全。传感网内部的安全路由、联通性解决方案等都可以相对独立地使用。由于传感网类型的多样性,很难统一要求有哪些安全服务,但机密性和认证性都是必要的。机密性需要在通信时建立一个临时会话密钥,而认证性可以通过对称密码或非对称密码方案解决。使用对称密码的认证方案需要预置节点间的共享密钥,在效率上也比较高,消耗网络节点的资源较少,许多传感网都选用此方案;而使用非对称密码技术的传感网一般具有较好的计算和通信能力,并且对安全性要求更高。在认证的基础上完成密钥协商是建立会话密钥的必要步骤。安全路由和入侵检测等也是传感网应具有的性能。

由于物联网环境中传感网遭受外部攻击的机会增大,因此用于独立传感网的传统安全解决方案需要提升安全等级后才能使用,也就是说在安全的要求上更高,这仅仅是量的要求,没有质的变化。相应地,传感网的安全需求所涉及的密码技术包括轻量级密码算法、轻量级密码协议、可设定安全等级的密码技术等。

6.3.3　感知层的安全策略

为了解决传感节点容易被物理操纵的问题,在传感网内部需要建立有效的身份认证和密钥管理机制,用于保障传感网内部通信的安全。

对于身份认证,可以考虑在通信前进行节点与节点的身份认证,这种认证可以通过对称密码或非对称密码方案解决。对称密码的认证方案效率更高,节点资源的损耗更少,但需要预置节点间的共享密钥。非对称密码的认证方案一般具有更好的计算和通信能力,但是对安全性的要求更高。

对于密钥机制,可以考虑在通信时建立一个临时会话密钥,即在认证的基础上完成密钥协商,即使有少数节点被操纵,攻击者也不能或很难从获取的节点信息推导出其他节点的密钥信息等。

目前,实现 RFID 安全性机制所采用的方法主要有物理方法、密码机制以及二者结合的方法。

6.3.4　RFID 安全问题及策略

虽然 RFID 由于频段相容等多种原因还没有形成统一的行业标准,但是已经有越来越多的 RFID 产品被广泛应用于零售、物流、仓储、生产制造、自动收费、动物识别和图书馆管理等领域。同时在 RFID 的应用中也面临一个不可忽视的安全问题,RFID 标签、网络和数据等各个环节都存在安全隐患。例如:消费物品的 RFID 标签可能被用于追踪,侵犯人们的位置隐私;贴有标签的商品带有销售数据可能被商业间谍充分利用;隐私侵犯者通过重写标签以篡改物品信息等。接下来的内容详细介绍了 RFID 系统中存在的各种安全问题、产生的原因以及解决策略,并分析各种策略的优缺点,最后提出解决RFID 安全问题新的思路。

1.RFID 系统面临的安全攻击

针对 RFID 系统的主要安全攻击可简单地分为主动攻击和被动攻击两种类型。

主动攻击包括:

(1)通过物理手段在实验室环境中对获得的 RFID 标签实体去除芯片封装,使用微探针获取敏感信号,进而进行目标 RFID 标签重构。

(2)通过软件,利用微处理器的通用通信接口,通过扫描 RFID 标签和响应阅读器的探询,寻求安全协议、加密算法以及它们实现过程中的弱点,进而删除 RFID 标签内容或篡改可重写 RFID 标签内容。

(3)通过干扰广播、阻塞信道或其他手段,产生异常的应用环境,使合法处理器产生故障,拒绝服务等。

被动攻击主要包括:

(1)通过窃听技术,分析微处理器正常工作过程中产生的各种电磁特征,来获得 RFID 标签和阅读器之间或其他 RFID 通信设备之间的通信数据。

(2)通过阅读器等窃听设备,跟踪商品流通动态等。

主动攻击和被动攻击都会使 RFID 应用系统承受巨大的安全风险。

主动攻击通过物理或软件方法篡改标签内容,还可以通过删除标签内容及干扰广播、阻塞信道等方法来扰乱合法处理器的正常工作,是影响 RFID 应用系统正常使用的重要安全因素。尽管被动攻击不改变 RFID 标签中的内容,也不影响 RFID 应用系统的正常工作,但它是获取 RFID 信息、个人隐私和物品流通信息的重要手段,也是 RFID 系统应用的重要安全隐患。

2.主要解决策略

RFID 安全和隐私保护与成本之间是相互制约的。根据自动识别(Auto-ID)中心的试验数据,在设计 5 美分标签时,集成电路芯片的成本不应该超过2 美分,这使集成电路门电路数量限制在了 7.5～15KB。一个 96bit 的 EPC

芯片需要 5～10KB 的门电路,因此用于安全和隐私保护的门电路数量不能超过 2.5～5KB,使得现有密码技术难以应用。优秀的 RFID 安全技术解决方案应该是平衡安全、隐私保护与成本的最佳方案。

现有的 RFID 安全和隐私技术可以分为两大类:一类是通过物理方法阻止标签与阅读器之间通信,另一类是通过逻辑方法增加标签安全机制。

(1)物理方法

①杀死(Kill)标签。原理是使标签丧失功能,从而阻止对标签及其携带物的跟踪,如在超市买单时的处理。但是,Kill 命令使标签失去了它本身应有的优点。如商品在卖出后,标签上的信息将不再可用.不便于日后的售后服务以及用户对产品信息的进一步了解。另外,若 Kill 识别序列号(PIN)一旦泄露,可能导致恶意者对超市商品的偷盗。

②法拉第网罩。根据电磁场理论,由传导材料构成的容器(如法拉第网罩)可以屏蔽无线电波,使得外部的无线电信号不能进入法拉第网罩,反之亦然。把标签放进由传导材料构成的容器可以阻止标签被扫描,即被动标签接收不到信号,不能获得能量,主动标签发射的信号不能发出。因此,利用法拉第网罩可以阻止隐私侵犯者扫描标签获取信息。比如,当货币嵌入 RFID 标签后,可利用法拉第网罩原理阻止隐私侵犯者扫描,避免他人知道你包里有多少钱。

③主动干扰。主动干扰无线电信号是另一种屏蔽标签的方法。标签用户可以通过一个设备主动广播无线电信号用于阻止或破坏附近的 RFID 阅读器的操作。但这种方法可能导致非法干扰,使附近其他合法的 RFID 系统受到干扰,严重的是,它可能阻断附近其他无线系统。

④阻止标签。原理是通过采用一个特殊的阻止标签干扰防碰撞算法来实现,阅读器读取命令每次总是获得相同的应答数据,从而保护标签。

(2)逻辑方法

①哈希(Hash)锁方案。Hash 锁是一种更完善的抵制标签未授权访问的安全与隐私技术。整个方案只需要采用 Hash 函数,因此成本很低。方案原理是阅读器存储每个标签的访问密钥 K,对应标签存储的元身份(MetaID),其中 MetaID＝Hash(K)。标签接收到阅读器的访问请求后发送 MetaID 作为响应,阅读器通过查询获得与标签 MetaID 对应的密钥 K 并发送给标签,标签通过 Hash 函数计算阅读器发送的密钥 K,检查 Hash(K)是否与 MetaID 相同,相同则解锁,发送标签真实 ID 给阅读器。

②随机 Hash 锁方案。作为 Hash 锁的扩展,随机 Hash 锁解决了标签位

置隐私问题。采用随机 Hash 锁方案,阅读器每次访问标签的输出信息都不同。

随机 Hash 锁原理是标签包含 Hash 函数和随机数发生器,后台服务器数据库存储所有标签 ID。阅读器请求访问标签,标签接收到访问请求后,由 Hash 函数计算标签 ID 与随机数 r(由随机数发生器生成)的 Hash 值。标签发送数据给请求的阅读器,同时阅读器发送给后台服务器数据库,后台服务器数据库穷举搜索所有标签 ID 和 r 的 Hash 值,判断是否为对应标签 ID。标签接收到阅读器发送的 ID 后解锁。

尽管 Hash 函数可以在低成本的情况下完成,但要集成随机数发生器到计算能力有限的低成本被动标签,却是很困难的。其次,随机 Hash 锁仅解决了标签位置隐私问题,一旦标签的秘密信息被截获,隐私侵犯者可以获得访问控制权,通过信息回溯得到标签历史记录,推断标签持有者隐私。后台服务器数据库的解码操作是通过穷举搜索的,需要对所有的标签进行穷举搜索和 Hash 函数计算,因此存在拒绝服务攻击。

③Hash 链方案。作为 Hash 方法的一个扩展,为了解决可跟踪性,标签使用了一个 Hash 函数在每次阅读器访问后自动更新标识符,实现前向安全性。Hash 链与之前的 Hash 方案相比主要优点是提供了前向安全性。然而,它并不能阻止重放攻击,并且该方案每次识别时需要进行穷举搜索,比较后台数据库每个标签,一旦标签规模扩大,后端服务器的计算负担将急剧增大。因此 Hash 链方案存在着所有标签自更新标识符方案的通用缺点,难以大规模扩展,同时,因为需要穷举搜索,所以存在拒绝服务攻击。

④匿名 ID 方案。采用匿名 ID,隐私侵犯者即使在消息传递过程中截获标签信息也不能获得标签的真实 ID。该方案通过第三方数据加密装置采用公钥加密、私钥加密或者添加随机数生成匿名标签 ID。虽然标签信息只需要采用随机读取存储器(RAM)存储,成本较低,但数据加密装置与高级加密算法都将导致系统的成本增加。因标签 ID 加密以后仍具有固定输出,因此,使得标签的跟踪成为可能,存在标签位置隐私问题。并且,该方案的实施前提是阅读器与后台服务器的通信建立在可信通道上。

⑤重加密方案。该方案采用公钥加密。标签可以在用户请求下通过第三方数据加密装置定期对标签数据进行重写。因采用公钥加密,大量的计算负载超出了标签的能力,通常这个过程由阅读器来处理。该方案存在的最大缺陷是标签的数据必须经常重写,否则,即使加密标签 ID 固定的输出也将导致标签定位隐私泄露。与匿名 ID 方案相似,标签数据加密装置与公钥加密将导

致系统成本的增加,使得大规模的应用受到限制,并且经常地重复加密操作也给实际操作带来困难。

RFID 标签已逐步进入到我们的日常生产和生活中,同时,也给我们带来了许多新的安全和隐私问题。由于对低成本 RFID 标签的追求,使得现有的密码技术难以应用。如何根据 RFID 标签有限的计算资源,设计出安全有效的安全技术解决方案,仍然是一个具有相当挑战性的课题。为了有效地保护数据安全和个人隐私,引导 RFID 的合理应用和健康发展,还需要建立和制订完善的 RFID 安全与隐私保护法规、政策。

6.4　传输层安全需求及安全策略

6.4.1　传输层的安全需求

物联网传输层实现感知数据和控制信息的双向传递,通过各种电信网络与互联网的融合,将物体的信息实时准确地传递出去。物联网通过各种接入设备与移动通信网和互联网相连,如手机付费系统中由刷卡设备将内置于手机的 RFID 信息采集上传到互联网,网络层完成后台鉴权认证并从银行网络划账。网络层还具有信息存储查询、网络管理等功能。物联网的传输层主要用于把感知层收集到的信息安全可靠地传输到信息处理层,然后根据不同的应用需求进行信息处理,即传输层主要是网络基础设施,包括互联网、移动网和一些专业网(如国家电力专用网、广播电视网)等。在信息传输过程中,可能经过一个或多个不同架构的网络进行信息交接。例如,普通电话座机与手机之间的通话就是一个典型的跨网络架构的信息传输实例。在信息传输过程中跨网络传输是很正常的,在物联网环境中这一现象更突出,而且很可能在正常而普通的事件中产生信息安全隐患。

在传输层,异构网络的信息交换将成为安全性的脆弱点,特别在网络认证方面,难免存在中间人攻击和其他类型的攻击(如异步攻击、合谋攻击等)。这些攻击都需要有更高的安全防护措施。物联网传输层实现信息的转发和传送,它将感知层获取的信息传送到远端,为数据在远端进行智能处理和分析决策提供强有力的支持。物联网基础网络可以是互联网,也可以是具体的某个行业网络。物联网的网络层按功能可以大致分为接入层和核心层。物联网的网络层安全主要体现在两个方面,即来自物联网本身的架构、接入方式和各种设备的安全问题,以及进行数据传输的网络相关安全问题。

物联网网络层可划分为接入/核心网和业务网两部分,它们面临的安全威胁主要如下。

（1）拒绝服务攻击

物联网终端数量巨大且防御能力薄弱，攻击者可将物联网终端变为傀儡，向网络发起拒绝服务攻击。

（2）假冒攻击、中间人攻击

如假冒基站攻击，2G GSM 网络中终端接入网络时的认证过程是单向的，攻击者通过假冒基站骗取终端驻留其上并通过后续信息交互窃取用户信息。

（3）基础密钥泄露威胁

物联网业务平台 WMMP 协议以短信明文方式向终端下发所生成的基础密钥。攻击者通过窃听可获取基础密钥，任何会话无安全性可言。

（4）隐私泄露威胁

攻击者攻破物联网业务平台之后，窃取其中维护的用户隐私及敏感信息。

（5）IMSI 暴露威胁

物联网业务平台基于 IMSI 验证终端设备、（U）SIM 卡及业务的绑定关系。这就使网络层敏感信息 IMSI 暴露在业务层面，攻击者据此获取用户隐私。

（6）跨异构网络的网络攻击

物联网传输层安全体系结构如图 6-4 所示。

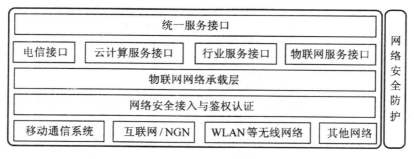

图 6-4　物联网传输层安全体系结构

6.4.2　传输层的安全架构

网络层的安全机制可分为端到端机密性和节点到节点机密性。对于端到端机密性，需要建立如下安全机制：端到端认证机制、端到端密钥协商机制、密钥管理机制和机密性算法选取机制等。在这些安全机制中，根据需要可以增加数据完整性服务。对于节点到节点机密性，需要节点间的认证和密钥协商协议，这类协议要重点考虑效率因素。机密性算法的选取和数据完整性服务则可以根据需求选取或省略。考虑到跨网络架构的安全需求，需要建立不同网络环境的认证衔接机制。另外，根据应用层的不同需求，网络传输模式可能区分为单播通信、组播通信和广播通信，针对不同类型的通信模式也应该有相应的认证机制和机密性保护机制。

简而言之，网络层的安全架构主要包括如下几个方面：

（1）节点认证、数据机密性、完整性、数据流机密性、DDoS 攻击的检测与预防。

（2）移动网中 AKA 机制的一致性或兼容性、跨域认证和跨网络认证（基于 IMSI）。

（3）相应的密码技术。密钥管理（密钥基础设施 PKI 和密钥协商）、端对端加密和节点对节点加密、密码算法和协议等。

（4）组播和广播通信的认证性、机密性和完整性安全机制。

6.4.3　传输层的安全策略

网络的核心部分具有相对完整的安全防护能力，但是物联网中存在数量庞大的节点，并且这些节点以集群的方式存在，这些特性导致数据在传播过程中，由于发送的数据量过大而导致网络出现拥塞现象，该现象的出现易产生拒绝式服务攻击。此外，现有的通信网络安全架构均出于以人通信的角度进行设计搭建，所以，对于以物为主题、从物的角度出发的物联网，要构建适应于感知信息传输、应用的安全架构。

针对传输层的安全问题，制定以下安全策略：

①网络中的安全策略主要包括节点的认证、数据的机密性、完整性以及攻击的检测与预防等；②移动互联网中 AKA 机制的一致性或兼容性、跨域认证、跨网络认证；③相应的密码技术，密钥管理、密钥基础设施和密钥协商、端对端加密和节点对节点加密、密码算法和协议等；组播和广播通信的认证性、机密性和完整性安全机制。

6.4.4　M2M 安全问题及策略

现代网络计算与硬件技术的发展为 M2M 技术的发展提供了有力的支持，M2M 技术的前景似乎一片光明，但是在实际上，要想很好地发展 M2M 技术还存在一系列问题,其中最主要的就是 M2M 系统的安全问题。

1. M2M 系统安全问题分析

从 M2M 系统的网络架构来看,具体可以分为节点、网络传输载体及数据处理中心 3 个部分,其具体结构如图 6-5 所示。节点主要负责的工作是对各项资料的收集,并将收集到的资料传送到后台数据处理中心。通常情况下,节点的设置因为考虑成本的因素并不会加入太多的功能,而是将大部分功能交给后台控制中心;网络传输载体的主要作用是负责将节点收集的资料传输到数据处理中心;数据处理中心的主要作用是完成所有数据的分析处理工作,并向节点下发一些简单的指令。

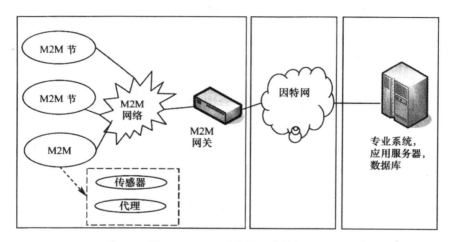

图 6-5　M2M 系统的网络结构

(1)M2M 系统节点

M2M 节点所涉及的安全问题,最重要的就是 M2M 节点通信时的安全性。无论是节点之间的通信还是节点与数据处理中心之间的通信,都应该保证通信过程中数据传输的安全性,避免被不法分子所利用。比较直接的解决方法是对数据进行加密,但是密钥的管理具备一定的难度,尤其是在 M2M 系统中通常会存在大量节点,这就导致数据在传输过程中,需要使用数量庞大的密钥,而且由于成本的限制,通常情况下,每个节点所能存储的数据是非常有限的,这就使数据加密这一方式难以有效应用到实际工作中。

另外,节点收集资料的可靠性也是当前所面临的主要问题之一。节点通常利用传感器对数据资料进行采集,在这一过程中,通常有两种原因容易造成数据的采集错误,第一种是 M2M 节点本身硬件的故障所导致的,第二种原因是黑客入侵传感器后,对传感器的数据交换进行控制,导致传感器执行错误的指令所造成的。M2M 节点的感测数据如果发生错误,容易导致整个系统的错误运行并下发错误的指令,危害人类的生活。

(2)网络传输载体

网络传输载体的主要作用是实现节点与数据处理中心的数据交换。在这一过程中,常见的安全威胁包括两种,一种是阻断服务攻击,这类威胁主要容易造成通信的中断,导致节点与数据处理中心无法进行及时通信,严重影响 M2M 系统的工作效率。另一种是中间人攻击,这种威胁通常容易造成数据泄漏、丢失以及遭到篡改的危险,影响 M2M 系统数据的可靠性,导致系统执行错误的指令。

(3)数据处理中心

数据处理中心的主要任务是负责对节点数据的汇总、整理及分析,并在此基础上做出自动化智能决策。通常情况下,数据处理中心会设置在云端服务器或者某个机房中,由专人进行管理和维护。在这一过程中主要涉及服务器的安全问题,如果处理不好,就容易导致整个系统的瘫痪。

2.M2M 系统安全措施

在 M2M 系统中,如果想要保证系统的安全稳定运行,就必须要全方位做好系统的安全防护措施,如果其中的任意一个环节出现漏洞,都会影响到整个系统的正常运行,下面提出了几点针对 M2M 系统所实施的安全措施。

(1)基于身份识别的密码系统

因为 M2M 系统通常包含大量的物品,因此在考虑到密钥更新以及硬件成本的情况下,对称式密钥系统并非是较好的安全措施。在 M2M 系统中,因为所涉及的物品过多,如果使用密钥进行管理就容易导致整个网络达到效能瓶颈,对整个 M2M 系统的运行效率产生较大影响。基于身份识别的密码技术通过为每个物品附加一个独立的 ID,在任意物品之间需要进行通信时,只需要知道对方的 ID 就可以透过公用密钥建立彼此之间的密钥,保证通信的安全。

(2)成对监督机制

通常情况下,传感器的程序都是通过刻录在 ROM 里面进行执行的,因为内存只提供了谁取的权限,攻击者不太可能对内存进行修改,因此,其要想对节点进行攻击,通常是对节点的 ROM 进行修改,并让修改后的 ROM 程序在传感器中执行,从而实现对整个系统的攻击。要想解决这一问题,最好的办法就是从节点的硬件入手,让攻击者无法对 ROM 进行修改。在攻击者对 ROM 进行修改的过程中,被修改的这一节点就会处于瘫痪的状态。通过在 M2M 系统中应用成对监督机制来实现对各个节点的监控,通过建立各个节点之间的相互监督机制,当某个节点在停止运行后,它所对应的监督节点就会做出响应,并向数据处理中心进行汇报,以此来实现对每一个节点运行状态的监控,从而实现对攻击者修改 ROM 这一威胁的防护。

(3)错误数据侦测过滤机制

如果节点将错误的数据信息发送给数据处理中心,就容易导致系统做出错误的决策。因此,保证节点发送数据的准确性至关重要,数据服务中心在进行数据分析处理的过程中,需要对当前节点数据及附近的多个节点的数据进行评估,因为邻近的节点通常所采集的数据差异性较小,如果数据处理中心发现某个节点的数据与邻近节点数据的平均值产生较大差异,那么该数据将被系统所过滤,从而保证各节点数据的准确性,为系统的决策提供准确的依据。

除了上述措施之外,针对一些客观因素所导致的 M2M 系统安全问题,如供电故障、网络系统故障等问题,需要与电力、电信等多部门进行联合解决,从而保证 M2M 系统安全稳定地运行。

6.5 应用层安全需求及安全策略

6.5.1 应用层的安全需求

物联网应用层涉及的是综合的或有个体特性的具体应用业务,它所涉及的某些安全问题通过前面几个逻辑层的安全解决方案可能仍然无法解决。在这些问题中,隐私保护就是典型的一种。隐私保护的问题是一些特殊应用场景的实际需求,即应用层的特殊安全需求。物联网的数据共享有多种情况,涉及不同权限的数据访问。此外,在应用层还将涉及知识产权保护、计算机取证、计算机数据销毁等安全需求和相应技术。

物联网应用是信息技术与行业专业技术的紧密结合的产物。物联网应用层充分体现物联网智能处理的特点,涉及业务管理、数据挖掘、云计算等多种技术。物联网涉及多领域多行业,广域范围的海量数据信息处理和业务控制策略将在安全性和可靠性方面面临巨大挑战,特别是业务控制、管理和认证机制、中间件及隐私保护等安全问题显得尤为突出。

基于物联网应用层所面临的安全威胁,可以制定出相应的物联网应用层的安全机制,如有效的数据库访问控制机制和内容筛选机制,不同场景的隐私信息保护技术。

6.5.2　应用层的安全架构

基于物联网综合应用层的安全挑战和安全需求,需要下列安全机制:

(1)有效的数据库访问控制和内容筛选机制;

(2)不同场景的隐私信息保护技术;

(3)叛逆追踪和其他信息泄露追踪机制;

(4)有效的计算机取证技术;

(5)安全的计算机数据销毁技术;

(6)安全的电子产品和软件的知识产权保护技术;

(7)可靠的认证机制和密钥管理方案;

(8)高强度数据机密性和完整性服务;

(9)可靠的密钥管理机制,包括 PKI 和对称密钥的有机结合机制;

(10)可靠的高智能处理手段;

(11)入侵检测和病毒检测;

(12)恶意指令分析和预防,访问控制及灾难恢复机制;

(13)保密日志跟踪和行为分析,恶意行为模型的建立;

(14)密文查询、秘密数据挖掘、安全多方计算、安全云计算技术等;

(15)移动设备文件(包括秘密文件)的可备份和恢复;

(16)移动设备识别、定位和追踪机制。

应用层设计的是综合的或有个体特性的具体应用业务,它所涉及的某些安全问题通过前面几个逻辑层的安全解决方案可能仍然无法解决。在这些问题中,隐私保护就是典型的一种。无论感知层、传输层还是处理层,都不涉及隐私保护的问题,但它却是一些特殊应用场景的实际需求,即应用层的特殊安全需求。物联网的数据共享有多种情况,涉及不同权限的数据访问。此外,在应用层还将涉及知识产权保护、计算机取证、计算机数据销毁等安全需求和相应技术。

6.5.3　应用层的安全策略

物联网中的应用层负责数据处理的任务,其中包括对海量信息的智能处理和决策分析,从而实现对物品的智能化控制。这就需要信息计算技术的支持,云计算作为一种新兴的计算模式被广泛应用到物联网领域中,并发挥了重要作用。应用中,需要充分考虑物联网数据计算过程中可能出现的安全问题。除此之外,应用层安全策略的制定还要考虑如何保护用户隐私信息、如何解决信息泄露追踪问题,以及如何保护电子产品和软件的知识产权等安全问题。

6.5.4　云计算安全问题

1.云计算安全问题概述

云计算本身是一个复杂的系统,云计算的安全需求散布在云计算的各个层次、各个环节。以下分别从云服务提供商、云服务用户的角度探讨云计算的安全需求。

对于云服务提供商,需要解决以下问题:①如何保证云服务平台、数据中心这样的复杂系统能长时间安全运行,并在故障发生时能及时隔离故障,将影响降到最低;②对于云计算数据中心这样引人注目的存在,如何应对由此引来的数量众多的网络黑客;③面对参差不齐的用户,如何对他们进行有效的安全管理,并能鉴别和屏蔽恶意用户。

对于云服务用户,有以下安全需求:①如何在现有云计算服务还不能确保稳定的情况下尽量让运行在云环境上的应用稳定、安全、可用;②如何保证自己在云端的数据安全、完整、可用,且商业机密不被泄露。

虽然云计算的架构层次还没有统一的标准,但大体可以抽象为 5 层,从底向上分别为:物理资源层、资源抽象与控制层、资源架构层、开发平台层、应用服务层。其中资源架构层、开发平台层、应用服务层分别对应云计算的 3 种服务模式:基础设施即服务(Infrastructure as a Service,IaaS)模式、平台即服务(Platform as a Service,PaaS)模式和软件即服务(Software as a Service,SaaS)。下面按该层次详细分析其中的安全问题。

(1)物理资源层安全

本层安全问题包括硬件安全和软件安全两个方面,与传统软硬件安全问题基本相同,硬件方面包括物理设备本身的问题如硬件故障和电源故障等,还包括设备的物理环境、物理访问和电磁辐射造成信息泄露等安全问题;软件方面包括病毒攻击、网络入侵等安全问题。

(2)资源抽象与控制层安全

本层主要涉及虚拟化带来的各种安全挑战。虚拟化是云计算中最重要的技术之一,也是云计算的重要标志,然而,虚拟化的结果却使许多传统的安全防护手段失效,引发了诸如虚拟机逃逸、远程管理缺陷、迁移攻击、虚拟机通信等安全问题。

(3)资源架构层安全

本层提供基本的分布式资源服务,用户面临的主要安全问题包括:存储安全、数据完整性、冗余备份和审计计费安全等。

（4）开发平台层安全

本层为应用程序开发者提供程序的开发环境、运行环境和运营环境，同时还提供数据库、用户界面、负载均衡等服务支持。用户面临的安全问题包括安全设计、安全编程、安全测试和安全发布等问题。

（5）应用服务层安全

本层中云计算运营商通过互联网向用户提供软件服务，这些软件的开发、测试、运行、维护、升级由应用程序提供者负责。用户面临的安全问题包括身份认证与访问控制、安全单点登录、数据与隐私保护等。

2.云计算应用中存在的安全问题

前面已经提到，互联网时代中传统的安全威胁在云计算服务中同样存在。2009 年，云安全联盟（CloudSecurity Alliance，CSA）发布《云计算关键领域安全指南》并更新到版本 2.1。该指南主要从攻击者的角度总结出云计算环境可能面临的 12 个关键安全域。之后 CSA 又发布了一份云计算安全风险简明报告，将安全指南浓缩为 7 个最常见、危害程度最大的安全威胁。下面，按照从低到高、由内及外等层次一一列出。

（1）基础设施共享问题：攻击者获取 IaaS 供应商的非隔离共享基础设施的不受控制访问权；

（2）未知的风险：未知的安全漏洞、软件版本、安全实践、代码更新等；

（3）不安全的接口和 API：接口质量和安全没有得到保障以及第三方插件的安全；

（4）账户或服务劫持：攻击者获得云服务用户的凭据，导致云服务客户端问题；

（5）数据丢失或泄漏：云中不断增长的数据交互放大了数据丢失或泄漏的风险；

（6）不怀好意的内部人员：从组织内部发起攻击，如果公司使用了云服务，威胁将会进一步放大；

（7）滥用和恶意使用云计算：利用云服务发送垃圾邮件或传播恶意代码等恶意活动。

美国信息技术研究和咨询公司 Gartner 也发布了《云计算安全风险评估》报告。该报告主要从云服务提供商的安全能力角度及其潜在情况或事件下受威胁程度提出云计算环境下的安全风险，主要包括：

（1）特权用户接入：供应商的管理员处理敏感信息的风险；

（2）可审查性：供应商拒绝外部审计和安全认证的风险；

（3）数据位置：数据存储位置未知的隐私风险；

（4）数据隔离：共享资源的多租户数据隔离；

（5）数据恢复：供应商的数据备份和恢复能力；

（6）调查支持：供应商对不恰当或非法行为难以提供取证支持；

（7）长期生存性：服务稳定性、持续性及其迁移。

如果仅从字面上简单理解云计算的安全威胁和安全风险，上面列出的条目在互联网时代的互联网数据中心（Internet Data Center，IDC）就都已经出现，并且传统的安全模型和防御体系也有较为完善的理论指导和实践方案，在物理层面、系统层面、网络层面、甚至 Web 应用层面已经有了比较成熟的安全产品。那么是否可以完全照搬这些互联网安全解决方案而直接运用到云计算体系中吗？答案是否定的。下面，我们从云计算安全模型和关键技术等方面进行说明。

3.云计算安全模型介绍

由于当前正处于从传统互联网或者 IT 应用环境向云计算应用发展的关键时期，统一规划和整体考虑云计算安全离不开云计算安全模型的指导。所谓云计算安全模型，就是从安全管控的角度建立的云计算模型，用以描述不同属性组合的云服务架构，并实现云服务架构到安全架构之间的映射，为风险识别、安全控制和技术实现提供依据。信息安全领域已经开始着手从不同角度建立云计算安全模型，虽然存在争议，也缺乏大规模实践的验证，但在学术界和产业界的共同推动下，这些来自各方的云计算安全模型正在为云计算应用安全做着有益的探索。

（1）CSA 模型

当前，美国国家标准与技术研究所（National Institute of Standards and Technology，NIST）给出的 3 种服务模型已经被广泛接受并成为业内的事实规范。这 3 种服务模式包括：基础设施即服务（IaaS）模式、平台即服务（PaaS）模式和软件即服务（SaaS）模式。例如亚马逊公司提供的以亚马逊网络服务（AWS）为框架的服务器、存储、带宽、数据库，以及信息接口的资源服务模式，就是比较典型的 IaaS 模式；而微软公司的 Azure 服务平台提供一系列可供开发的操作系统，也可看作是一种 PaaS 服务模式。

根据其所属层次的不同，针对上述 3 类服务模式，CSA 提出了基于基本云服务的层次性及其依赖关系的安全参考模型，如图 6-6 所示。该模型主要反映了从云服务模型到安全控制模型的映射。该安全模型的突出特点是提供商所在的等级越低，云计算用户所要自行承担的安全能力和管理职责就越多。

进而言之,CSA 模型是可以允许用户有条件获取所需安全配置信息以及运行状态信息的,也允许用户部署实施自有专用安全管理软件来保证自己数据的安全。

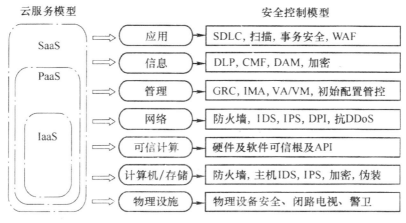

图 6-6　CSA 云计算参考模型

（2）企业界模型

在国内,一些大型的 IT 设备制造企业也不约而同地推出了云计算整体解决方案以及相关云计算安全服务模型。与 CSA 模型不同的是,这些云计算安全模型更加偏重于具体的产品解决方案,而没有上升到理论层面。虽然在具体工程中已经有实践应用,但是基本上还是采用传统网络安全技术作为主要的防御力量,在针对云计算应用的响应速度、系统规模等方面的安全要求依旧没有本质上的突破。图 6-7 描述了一个简约的、面向工程的云计算安全模型。

（3）其他模型

我国一些科研机构也发布了相关的云计算的安全模型。在中科院软件所提出的模型中,整个云计算安全技术模型被分为 3 个部分:云计算用户端安全对象、云计算安全服务体系和云安全标准体系。另外,还有 Jericho Forum 提出的安全协同模型。它从数据的物理位置、云计算技术和服务的所有关系状态、应用资源和服务时的边界状态、云服务的运行和管理者 4 个影响安全协同的维度上分了 16 种可能的云计算形态。当然,还有很多云计算安全模型都在探索和验证中,但是这些模型都把技术关注点更多地放在用户数据安全与隐私保护;各层次资源的提供者、管理者、使用者的安全防护措施的统一;云计算安全监管体系的建立等方面,这也从另外角度说明了采用传统专一严格为原则搭建的安全模型已经不合时宜了。

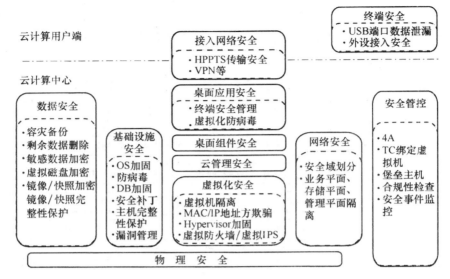

图 6-7 国内 IT 企业云计算安全模型

4.云计算中的关键安全技术

由于在云计算应用场景中,传统的安全威胁,如网络病毒、漏洞入侵、内部泄漏、网络攻击等依旧存在,因此这些安全威胁仍需要使用防病毒软件、入侵检测、4A、抗 DDoS 等技术或者安全设备去实现对云的保护。而与此同时,云计算的逐步应用正直接或者间接影响信息安全领域的进程,一些新兴的安全技术也在慢慢兴起。下面,我们简单列举一些云计算安全中使用到的一些关键技术。

(1)主机虚拟化安全

从现在产业趋势来看,由于 IaaS 模式技术相对成熟,因此从 IaaS 着手整合计算、存储、网络资源,再逐步发展 PaaS、SaaS 等其他各种云服务能力已经是云计算服务建设的主流思路。而基于虚拟化技术的弹性计算,正是 IaaS 的基础,因此主机虚拟化安全是 IaaS 建设方案中需要重点考虑的问题。在主机虚拟化中,Hypervisor 和虚拟机这两个最主要的部分的安全性是最为重要的。

虚拟机管理器 Hypervisor 是用来运行虚拟机的内核,代替传统操作系统管理着底层物理硬件,是服务器虚拟化的核心环节,其安全性直接关系到上层的虚拟机安全。如果虚拟机管理器的安全机制不健全,被某个恶意虚拟机其漏洞或者某个协议端口获取了高级别的运行等级,就可以比操作系统更高的硬件调配权限,从而给其他客户带来极大的安全隐患。

在 IaaS 中,一台物理机器往往被划分为多台虚拟机器进行使用。由于同一物理服务器的虚拟机之间可以相互访问,而不需要经过之外的防火墙与交换机等设备,因此虚拟机之间的攻击变得更加容易。如何保证同一物理机上不同虚拟机之间的资源隔离,包括 CPU 调度、内存虚拟化、VLAN、I/O 设备虚拟化,是当前 IaaS 模式下首要解决的安全技术问题。

(2)海量用户的身份认证

在互联网时代的大型数据业务系统中,大量用户的身份认证和接入管理往往采用强制认证方式,例如指纹认证、USB Key 认证、动态密码认证等。但是在这种:身份认证和管理主要是基于系统自身对于用户身份的不信任作为主要思想而设计的。在云计算时代,因为用户更加关心的云计算提供商是否按照 SLA 实施双方约定好的访问控制策略,所以在云计算模式下,研究者开始关注如何通过身份认证来保证用户自身资源或者信息数据等不会被提供商或者他人滥用。当前比较可行的解决方案就是引入第三方 CA 中心,由后者提供为双方所接受的私钥。

(3)隐私保护与数据安全

用户隐私保护和数据安全主要包括各类信息的物理隔离或者虚拟化环境下的隔离;基于身份的物理或者虚拟安全边界访问控制;数据的异地容灾与备份以及数据恢复;数据的加密传输和加密存储;剩余信息保护等。在云计算应用中,数据量规模之巨已经远远超出传统大型 IDC 数据规模,同时不同用户对于隐私和数据安全的敏感度也各不相同。这里,我们主要讲一下用户最常面临和关心的加密传输和加密存储。

在云计算应用环境下,数据传输加密可以选择在链路层、网络层、传输层、甚至应用层等层面实现。主要的技术措施包括 IPSec VPN、SSL 等 VPN 技术,保证用户数据在网络传输中的机密性、完整性和可用性。对于云存储类服务,一般的提供商都支持对数据进行加密存储,防止数据被他人非法窥探。一般会采用效能较高的对称加密算法,如 AES、3DES 等国际通用算法,或我国国有商密算法 SCB2 等。在云计算中,如网盘等虚拟存储的应用也是非制常见的。在这种情况下,如果只是对退租用户 VM 磁盘中文件做简单的删除,而下一次将磁盘空间(逻辑卷)重新分配给其他租户时,就可能会被恶意租户使用数据恢复软件读出磁盘数据,而导致先前租户的数据泄漏。因此在进行存储资源回收时,需要使用软件技术对逻辑卷的每一个物理位进行清"零"覆写,保证磁盘空间重新分配给其他租户时不能通过软件方式恢复其原有数据。

(4)其他一些安全技术措施

当然,在云计算应用环境中,还有其他一些安全技术。例如 PaaS 服务商提供的开发平台以 API 方式提供各种编程环境,就可能由于 API 接口质量和安全没有得到保障而带来平台的平台可靠性、平台可用性、平台完整性等一系列安全问题。目前的技术解决方案有平台升级和 Parley-x 保护等。再例如 SaaS 模式主要面临的安全问题就是软件漏洞,因此主要的解决技术仍然是软件补丁、版本升级等。

科研人员也在不断研究以用户为中心的、而非以云计算提供商为中心的信任模型。一些安全公司也在研发基于客户端的隐私或者用户数据管理工具,帮助用户控制自己的敏感信息在云端的存储和使用。

5.云计算安全的解决方案

除了学术界,产业界对云计算的安全问题非常重视,并为云计算服务和平台开发了若干安全机制,各类云计算安全产品与方案不断涌现。

(1)微软

微软的云计算平台叫作 Windows Azure。在 Azure 上,微软通过采用强化底层安全技术性能,使用所提出的 Sydney 安全机制,以及在硬件层面上提升访问权限安全等系列技术措施为用户提供一个可信任的云,从私密性、数据删除、完整性、可用性和可靠性 5 个方面保证云安全。

(2)亚马逊

亚马逊是互联网上最大的在线零售商,但是同时也为独立开发人员以及开发商提供云计算服务平台。亚马逊是最早提供远程云计算平台服务的公司,他们的云计算平台称为弹性计算云(Elastic Compute Cloud,EC2)。亚马逊从主机系统的操作系统、虚拟实例操作系统、防火墙以及 API 呼叫多个层次为 EC2 提供安全,目的就是防止亚马逊 EC2 中的数据被未经认可的系统或用户拦截,并在不牺牲用户要求的配置灵活性的基础上提供最大限度的安全保障。

(3)其他解决方案

Sun 公司发布开源的云计算安全工具可为 Amazon 的 EC2、S3 以及虚拟私有云平台提供安全保护。Yahoo 的开源云计算平台 Hadoop 也推出安全版本,引入 kerberos 安全认证技术,对共享敏感数据的用户加以认证与访问控制,阻止非法用户对 Hadoop clusters 的非授权访问。McAfee 公司发布了一个基于云的电子邮件网关 McAfeeSaaS Email Security & Archiving Suite,能完成实时监控和分析传入的邮件流量,同时可以隐藏关键的邮件传输网关。EMC、Intel、Vmware 等公司联合宣布了一个"可信云体系架构"的合作项目,并提出了一个概念证明系统。

第7章 物联网综合应用

物联网前景非常广阔,它将极大地改变目前的生活方式。物联网规模的发展需要与智能化系统化产业融合,从这些智能化产业的应用可以看出物联网其实早已默默来到我们的生产和生活中,当然它也还将继续高调强攻,迅速渗透,物联网的应用将无处不在。

7.1 物联网在智能化住宅小区中的应用

构建智能小区是通过使用无线传感、图像识别、RFID、定位等技术手段全面感知小区内的环境、人和物的变化,构建网络和计算机系统将这些信息进行汇总和处理,自动地进行报警或提示,可以全方位地提升小区管理的自动化程度,创建一个真正的智能化小区管理系统,为小区居民带来更多便捷。

智能化小区管理系统包括多方面功能,主要有周界安防、防灾防盗、车辆管理、物业管理、信息处理中心等;智能小区管理系统的总体构架如图 7-1 所示。各个子功能模块的终端信息将主要通过无线传输到达小区的信息处理中心;信息处理中心将及时地做出报警、提示或者自动调节等处理,促进小区的安防管理的实时监控和及时维护。

信息处理中心是整个小区智能化管理的核心,它由计算机系统和显示人机操作系统构成。所有的终端感知信息都通过网络汇聚到信息处理中心,在这里得到响应和处理,并及时给出反馈信息与处理指示。

7.1.1 智能小区周界安防

智能小区要求建立封闭式园区,在小区围墙上安装统一编码的红外激光、电网、感应光纤等传感终端,以无线通信网络和传感网络作为网络基础,将有用信息反馈给系统信息处理中心。小区周界安防子系统包括电子栅栏、电子门禁、转动监控摄像头等,如图 7-2 所示。

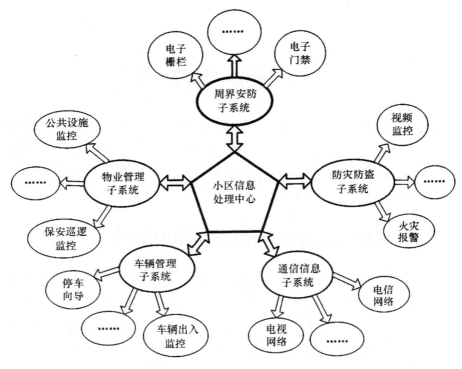

图 7-1　智能小区安防系统图

　　小区的周界是"智慧栅栏",在上面铺设了众多传感节点,覆盖地面、栅栏和低空探测。如果有试图非法进入小区的行为,系统可通过传感终端判别闯入物的大小和具体位置,并通过传感网络转动摄像头监视该地点,利用图像识别技术跟踪闯入物或人,同时将报警信息传给中心或保安人员的手持设备。处理中心的电子地图将显示入侵者的位置,可以通过电子警报发出警告声,警告入侵者离开。保安人员通过点击报警信息就能得到该摄像画面,可以第一时间赶到现场。在发出警报的同时处理中心还可指示开启入侵区的灯照明设施,启动现场视频监控系统,全程记录入侵行为,确保小区周界的安全,尤其是保安人员视线范围外的周界安全。

　　基于物联网技术的"智慧栅栏"具有自治组网、协同感知、自学习等特点,可以形成对地下、地面、围栏、低空的立体防入侵能力。目前,这种"智慧栅栏"已经在上海世博会和上海、无锡等机场得到应用。

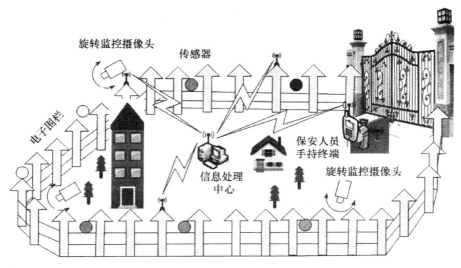

图 7-2　小区周界安防子系统示意图

7.1.2　智能小区防灾防盗

小区内部的防灾防盗系统包括智能视频监控、智能门禁和智能报警等功能。小区内防灾防盗系统如图 7-3 所示。

1. 智能视频

当有人员出入小区大门时,安装在大门处的摄像头会拍摄并存储下人员图像,通过与中心数据库比对,进而判断人员是小区住户还是流动人员。若有紧急情况,会自动进行报警。上述这些操作都是自动进行的,并不需要过多的人工操作。

2. 智能门禁

在小区大门、住宅单元门、住户门上都安装有门禁系统,住户使用感应卡、密码、钥匙等即可进入。若出现撬门的情况,门禁系统会自动报警。门禁分机会把信号传送给小区物业管理中心,在管理中心能够看到住户在小区内的位置。管理中心的值班人员会依据报警类型来安排保安人员予以处理。

3. 智能报警

在住户家门口、窗口及阳台等处都安装有微波、红外双监探测器。在居室内也装有多种传感器装置,同时住户房间内安装紧急呼救装置与中心和区域进行联网工作,当家中有紧急情况发生如急重病、盗贼闯入、漏水、漏气等需要求助时,接收到传感器信息的报警装置会自动启动,同时智能判别情况类型,区别报警方式。

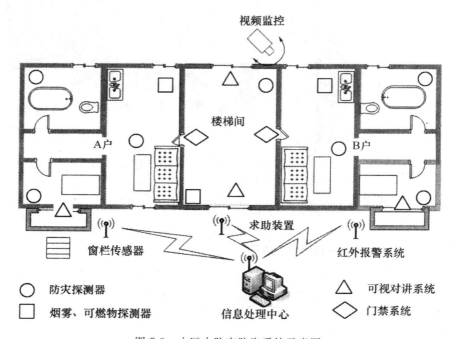

图 7-3 小区内防灾防盗系统示意图

7.1.3 小区内的智能车辆管理

小区内的智能车辆管理是通过图像识别、射频识别和传感网技术来实现。出入小区的车辆可以分为小区住户的车辆和外来车辆。车辆进入小区时,小区管理系统就通过小区入口的视频摄像头对车辆进行拍照登记,记录其牌照和车辆信息。如图 7-4 所示,为车辆管理子系统。在车辆离开小区时,同样通过视频拍照和图像识别区分住户车辆和外来车辆,对于外来车辆,必须当司机所持的射频识别卡和记录的数据资料一致,才能放行,这保证了汽车的安全停放和车位合理有效的利用。另外通过车库的视频监控装置还可以随时监控车库内部情况,可有效防范车辆被盗或被损坏等异常情况,确保车辆安全。

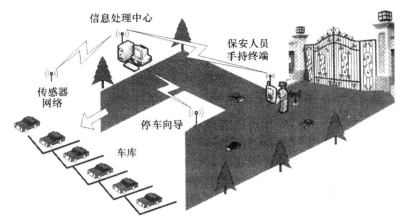

图 7-4　车辆管理子系统示意图

7.1.4　智能小区物业管理

利用物联网技术可以完善小区物业管理的科学化、规范化和智能化程度。

1. 小区公共设施的监控

通过统一编码的传感器联网技术可以对小区的公共娱乐设施如小区篮球场、游泳池,小区公共交通如电梯、楼梯等设施进行实时监控,如果公共设施遭到损坏或者在公共区域有人员受伤等情况发生,传感终端自动发出报警信号,信息处理中心就可以得知事故大致的情况和具体的设施位置,及时派遣物业人员进行检查维护,确保小区公共区域的安全畅通。

小区公共设施监控示意图如图 7-5 所示。

2. 电、水、气三表的管理

通过统一编码的传感器互联网技术可以对小区的给排水、配电系统及电梯等公共设施的工作状况进行实时检测和控制。通过无线网络将三表的运转时发生故障或被损坏的情况及时汇报到信息处理中心,如果出现停水、停电、停煤气或者运行异常等情况都可以及时地得到维修,尽量保证小区居民的电气水供应流畅。

3. 保安巡逻监控

通过地磁传感器和无线传感网进行保安人员定位,具体来说是,在小区的主要道路上设置无线传感节点,让保安人员佩戴相应节点的手持终端,即可在小区范围内对其进行定位。若有紧急情况发生,管理中心即可安排距离最近的管理人员到现场予以处理,同时通过记录保安人员在不同时间的位置信息,能够有效地减少漏岗及执勤不到位等情况。保安人员定位系统如图 7-6 所示。

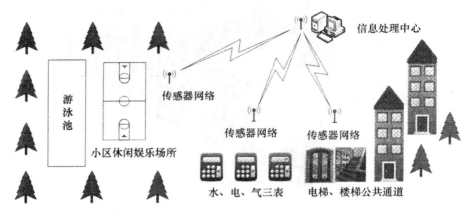

图 7-5　小区公共设施监控示意图

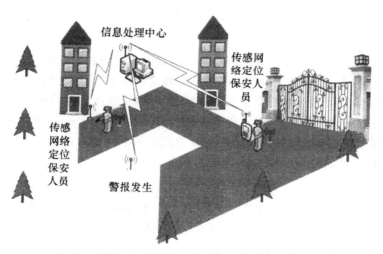

图 7-6　保安人员定位系统示意图

7.2　物联网在智能家居中的应用

智能家居也称为数字家庭,或智能住宅,英文常用 Smart Home。通俗地说,智能家居是利用先进的计算机、嵌入式系统和网络通信技术,将家庭中的各种设备通过家庭网络连接到一起。

此外,智能家居还是以住宅为平台,兼备建筑、网络通信、信息家电、设备自动化,集系统、结构、服务、管理为一体的高效、舒适、安全、便利、环保的居住环境。

总之,在国家宏观发展需求(即建设节能型社会和创新型社会的目标)、信息技术应用需求(即信息化已成为当今人们生活重要部分)、公共安全保障需求(即安全保证是衡量社区住宅环境的标准)和建筑品牌提升需求(即智能化是现代建筑灵魂核心充分体现)下,以及其他主客观因素的作用下,智能家居产生是必然。

7.2.1　智能家居体系的构成

物联网智能家居系统由 4 部分组成,分别是信号接收器、中央控制器、模拟启动器和远程遥控控制器。用户通过文字将预期的效果发送出去,由信号接收器进行接收,将其转化为代码的形式发送给中央控制器;经过中央处理器的分析后,一方面将指令传送给实时显示模块进行显示,另一方面将指令传送给模拟启动器,进而控制相应的远程控制器对智能家居进行控制;远程控制器会通过中央控制器发送给用户一条完成指令,用户即可根据反馈信息决定后续操作。

在用户并未发出指令的情况下,中央控制器会监控各类传感器并接收其发送的信息,在不同的设置要求下,对环境数据进行实时监控,若出现超出设定范围的情况,那么中央控制器会自动向模拟启动器发出指令,来控制智能家居进行调节,如图 7-7 所示。

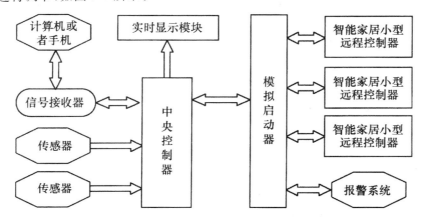

图 7-7　基于物联网技术的智能家居体系

7.2.2　智能家居的功能

在未来的居室中遍布着各式各样的传感器,这些传感器采集各种信息自动传输到以每户为单位的居室智能中央处理器,处理器对各种信息进行分析整合,并做出智能化识别和处理。

1.人员识别

在居室入口的门和地板上安装的传感器会采集进入居室的人员的身高、体重,行走时脚步的节奏、轻重等信息,并和系统中储存的主人信息和以往客人信息进行对比,识别出是主人还是客人或陌生人,同时发出相应的问候语。并在来访结束后按主人的设定记录并分类来访者的信息,例如,可以把此次来访者设定为好友或不受欢迎的人,这样可以使系统在下次来访时做出判断。

2.智慧家电

家用电器主要包括空调、热水器、电视机、微波炉、电饭煲、饮水机、计算机、电动窗帘等。家电的智能控制由智能电器控制面板实现,智能电器控制面板与房间内相应的电气设备对接后即可实现相应的控制功能。如对电器的自动控制和远程控制等,轻按一键就可以使多种联网设备进入预设的场景状态。

未来的家电像一个个小管家,聪明得知道怎样来合理地安排各种家务工作。根据居室门口传感器的信息感知,当家中无人时,空调会自动关闭;还会根据预先的设定或手机的遥控在主人下班回家之前自动打开,并根据当天的室外气温自动调节到合适的温度,太潮还会自动抽湿,使主人回到家就可以感受到怡人的室温。智能物联网电冰箱,不仅可以存放物品,还可以传输到主人的手机,告诉主人,电冰箱中存放食品的种类、数量、已存放时间,提醒主人哪些常用的食品缺货了,甚至根据电冰箱中储存食品的种类和数量来设计出菜单,提供给主人选择。电视机已经没有固定的屏幕了,你坐在沙发前,它会把影像投射到墙上;你躺在床上,它把影像投射到天花板上;你睡着了,它会自动把声音逐渐调小,最后关机,让你在安静的环境中进入香甜的梦乡。

3.家庭信息服务

用户不仅可以通过手机监看家里的视频图像,确保家中安全,也可以用手机与家里的亲戚朋友进行视频通话,有效地拓宽了与外界的沟通渠道。

通过智能家居系统足不出户可以进行水、电、气的三表抄送。抄表员不必再登门拜访,传感器会直接把水、电、气的消耗数据传送给智能家居系统,得到用户的确认后就可以直接从账户中划拨费用。大大节约人力物力，更方便了居民。

住户与访客、访客与物业中心、住户与物业中心均可进行可视或语音对话，从而保证对外来人员进入的控制。

4. 智能家具

利用物联网技术，从手机里随时都能看到家里情况的实时视频，可以随时随地遥控掌握家中的一切。安装了传感装置的家具都变得"聪明懂事"了。窗帘可以感知光线强弱而自动开合。灯也知道节能了，每个房间的灯都会自动感应，人来灯亮人走灯灭，并根据人的活动情况自动调节光线，适应主人不同的需要。传感器上传的信息到达智能家居系统中，系统对各种信息整合会自动发出指令来调节家中的各种设施和家具。家中开关只需一个遥控板就可全部控制，再也不用冬天冒寒下床关灯。智能花盆会告诉你，现在花缺不缺水，什么时间需要浇水，什么时间需要摆到阴凉地方。回家前先发条短信，浴缸里就能自动放好洗澡水。当天气风和日丽时，家里的窗户会自动定时开启，通风换气使室内空气保持新鲜，当遇到大风来临或大雪将至，窗门上的感应装置还会自动关闭窗户，令您出门无忧无虑。

5. 智慧监控

智能家居系统还能够使家庭生活的许多方面亲情化、智能化，与学校的监控系统结合，当你想念自己孩子的时候可以马上通过这一系统看到你的孩子在幼儿园或学校玩耍或学习的情况。和小区监控系统结合，不必妈妈的陪伴，孩子可以在小区中任意玩耍，在家里做家务的妈妈可以随时看到孩子的情况。佩戴在老人和孩子身上的特殊腕带还可以发射出信息，让家人随时清楚他们的位置，防止走失的发生。

通过物联网视频监控系统可以实时监控家中的情况。此外，利用实时录像功能可以对住宅起到保护作用。

实时监控可分为：

(1) 室外监控，监控住宅附近的状况。

(2) 室内监控，监控住宅内的状况。

(3) 远程监控，通过 PDA、手机、互联网可随时察看监控区域内的情况。

6. 智能安防报警

数字家庭智能安全防范系统由各种智能探测器和智能网关组成，构建了家庭的主动防御系统。智能红外探测器探测出人体的红外热量变化从而发出报警;智能烟雾探测器探测出烟雾浓度超标后发出报警;智能门禁探测器根据门的开关状态进行报警;智能燃气探测器探测出燃气浓度超标后发出报警。安防系统和整个家庭网络紧密结合,可以通过安防系统触发家庭网络中的设备动作或状态;可利用手机、电话、遥控器、计算机软件等方式接收报警信息,并能实现布防和撤防的设置。

7. 智能防灾

家里无人时如果发生漏水、漏气,传感器会在第一时间感应到,并把信息上传到智能家居系统,智能家居系统马上通过手机短信把情况报告给户主,同时也把信息报告给物业,以便及时采取相应措施。如果有火灾发生,传感器也同样会第一时间检测到烟雾信号,智能家居系统会发出指令将门窗打开,同时发出警声并将警情传给报警中心或传给主人手机。

7.3 物联网在智能物流配送中的应用

7.3.1 智能物流的基本概念

智能物流(Intelligent Logistics System,ILS)指的是物流系统和网络采用了先进的信息管理技术、信息处理技术、信息采集技术、信息流通技术等,实现货物流通的过程。具体包括仓储、运输、装卸搬运、包装、流通加工、信息处理等,如图 7-8 所示。

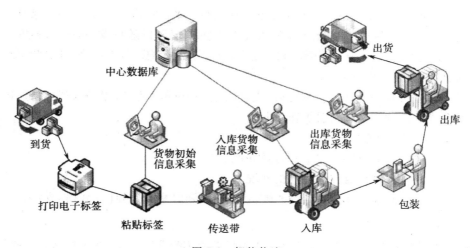

图 7-8　智能物流

作为国家十大产业振兴规划之一,物流行业也成为物联网技术应用的重要领域。物流管理和流程监控的信息化和综合化,提高了相关企业的物流效率,降低了物流成本,提高了企业及相关领域的信息化水平,为整个行业带来更多的优势和进步。

7.3.2　智能物流的结构

智能物流系统由以下两部分组成,如图 7-9 所示。

(1)智能物流管理系统:利用互联网、RFID 射频技术、移动互联网、卫星定位技术等先进技术,建立起信息系统来完成订单处理、货代通关、库存设计、货物运输和售后服务等工作,从而实现客源优化、货物流程控制、数字化仓储、客户服务管理和货运财务管理的信息支持。

(2)该系统应用了先进的网络技术、智能交通系统和银行金融系统等,使物流服务向电子化、网络化和虚拟化交易发展,为物流服务提供方实现收益。

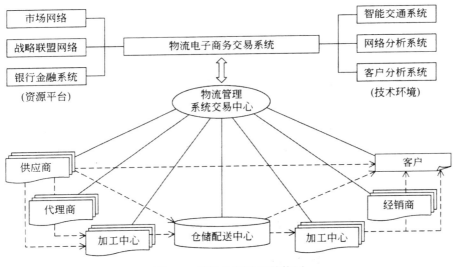

图 7-9　智能物流系统结构图

7.3.3　智能物流的四大特性

1. 物流信息的开放性、透明性

大量信息技术的应用,海量物流信息的数据处理能力,以及物联网的开放性,使智能物流系统建立了一个开放性的管理平台和运营平台,这个平台提供精准完善的物流服务,为客户提供产品市场调查、分析、预测,产品采购和订单处理等。

2. 物联网方法体系的典型应用

物联网的核心是物联、互联和智能,体现在智能物流系统上是:通过RFID 射频技术、GPS 技术、视频监控、互联网等技术实现对货物、车辆、仓储、订单的动态实时可视化管理,利用数据挖掘技术对海量数据进行融合分析,最终实现智能化的物流管理和高效精准的物流服务。

3. 物流与电子商务的有机结合

电子商务充分利用互联网和信息技术消除了信息的不对称,消除了制造商、渠道商和消费者之间的隔阂。

4. 配送中心成为商流、信息流和物流的汇集中心

将原有的物流、商流和信息流"三流分立"有机地结合在一起,畅通、准确、及时的信息才能从根本上保证商流和物流的高质量和高效率。

物流业将传统物流技术与智能化系统运作管理相结合提供了一个很好的平台,智能物流的未来发展主要体现4 个特点:在物流作业过程中的大量运筹与决策的智能化;以物流管理为核心,实现物流过程中运输、存储、包装和装卸等环节的一体化和智能物流系统的层次化;智能物流的发展会更加突出"以顾客为中心"的理念,根据消费者需求变化来灵活调节生产工艺;智能物流的发展将会促进区域经济的发展和世界资源优化配置,实现社会化。

我国传统物流企业的信息化管理程度还比较低,无法实现物流组织效率和管理方法的提升,阻碍了物流的发展。要实现物流行业长远发展,就要实现从物流企业到整个物流网络的信息化、智能化,因此,发展智能物流成为必然。

7.4 物联网在智能交通中的应用

7.4.1 智能交通系统概述

智能交通系统(Intelligent Transportation System,ITS)是将物联网先进的信息通信技术、传感技术、控制技术以及计算机技术等有效地运用于整个交通运输管理体系,而建立起的一种在大范围内、全方位发挥作用,实时、准确、高效的综合运输和管理系统。通过物联网的交通发布系统为交通管理者提供当前的拥堵状况、交通事故等信息来控制交通信号和车辆通行,同时发布出去的交通信息将影响人的行为,实现人与路的互动。

智能交通系统的功能主要包括表现在顺畅、安全和环境方面,具体表现为:增加交通的机动性,提高运营效率,提高道路网的交通能力,提高设施效率,调控交通需求;提高交通的安全水平,降低事故的可能性,减轻事故的损害程度,防止事故后灾难的扩大;减轻堵塞,降低汽车运输对环境的影响。智能交通系统强调的是系统性、实时性、信息交互性以及服务的广泛性,与原来的交通管理和交通系统有本质的区别。

智能交通系统是一个复杂的综合性信息服务系统,主要着眼于交通信息的广泛应用与服务,以提高交通设施的运行效率。从系统组成的角度,智能交通系统(ITS)可以分成以下 10 个子系统:先进的交通信息服务系统(Advanced Transportation Information Service System,ATIS)、先进的交通管理系统(Advanced Traffic Management System,ATMS)、先进的公共交通系统(Advanced Public Transportation System,APTS)、先进的车辆控制系统(Advanced Vehicle Control System,AVCS)、货物管理系统(Freight Traffic Management System,FTMS)、电子收费系统(Electronic Toll Collection System,ETC)、紧急救援系统(Emergency Rescue System,ERS)、运营车辆调度管理系统(Commercial Vehicle Operation Management System,CVOM)、智能停车场系统和旅行信息服务系统。

1. 先进的交通信息服务系统(ATIS)

ATIS 包括无线数据/交通信息通道、车载移动电话接收信息系统、路由引导系统及选择最佳路径的电子地图。

2. 先进的交通管理系统(ATMS)

ATMS 是由交通管理者使用的,对公路交通进行主动控制和管理的系统。具体来说,是根据接收到的道路交通状况、交通环境等信息,对交通进行控制。

3. 先进的公共交通系统(APTS)

APTS 的主要目的是采用各种智能技术促进公共运输业的发展,使公交系统实现安全便捷、经济、运量大的目标。在公交车辆管理中心,可以根据车辆的实时状态合理安排发车、收车等计划,提高工作效率和服务质量。

4. 先进的车辆控制系统(AVCS)

AVCS 的目的是开发帮助驾驶员实行对车辆控制的各种技术,通过车辆和道路上设置的情报通信装置,实现包括自动车驾驶在内的车辆辅助驾驶控制系统。

5. 货物管理系统(FTMS)

FTMS 在这里指以高速道路网和信息管理系统为基础,利用物流理论进行管理的智能化的物流管理系统。综合利用卫星定位、地理信息系统、物流信息及网络技术有效组织货物运输,提高货运效率。

6. 电子收费系统(ETC)

ETC 是当前世界上最为先进的路桥收费方式。车主需要在车辆挡风玻璃上安装感应卡并预存一定的费用,在通过收费站时,感应卡与 ETC 车道上的微波天线间能够进行通信,从而免除人工收费的步骤,即可从卡中自动扣除费用。利用该系统完成每辆车的收费仅需要不到两秒,使车道的通行能力较人工收费通道提高了 3~5 倍。

7. 紧急救援系统(ERS)

ERS 是一个基于 ATIS、ATMS 和其他救援机构的救援系统,利用 ATIS、ATMS 实现交通监控中心和职业救援机构的合作,向道路使用者提供车辆故障现场紧急处置、拖车、现场救护、排除事故车辆等服务。

8. 运营车辆调度管理系统(CVOM)

CVOM 系统中配备有车载电脑、高度管理中心计算机与全球定位系统,借助这些设备实现卫星联网,在驾驶员与汽车调度管理中心间进行通信,有助于提高公共汽车和出租汽车的运营效率。该系统具有较强的通信性能,能够实现大范围车辆控制。

9. 智能停车场管理系统

智能停车场管理系统是对现代化停车场进行收费及设备自动化管理的系统,是使用计算机系统来管理停车场的一种非接触式、自动感应、智能引导、自动收费的系统。系统以 IC 卡或 ID 卡等智能卡为载体,通过智能设备使感应卡记录车辆及持卡人进出的相关信息,对该信息进行运算、传输,依靠字符显示、语音播报等界面转化为可供人工识别的信号,最终完成计时收费、车辆管理等自动化功能。

10. 旅行信息服务系统

旅行信息系统主要用于向在外旅行人员提供当地实时交通信息的系统。该系统使用的媒介多样化,包括计算机、电视、电话、路标、无线电、车内显示屏等。

7.4.2　智能交通系统的关键技术

实现智能交通系统的关键技术除了传统的网络技术和通信技术以外,还包括以下 4 种技术。

1.车联网技术

车联网指的是利用射频识别(RFID)、全球定位系统、车用信息采集、道路环境信息感知等信息传感设备,对人/车/路的静、动态信息进行采集、识别、传输、融合和利用,从而能够将人/车/路与互联网连接。车联网技术是结合移动通信、环保、节能、安全等发展起来的融合性技术,可以实现车与车、车与路、车与人、车与传感设备等交互,实现车辆与公众网络通信的动态移动通信系统。

2.云计算技术

云计算是在互联网的发展过程中产生的一种新型的计算模式和理念,通过互联网提供、面向海量信息处理,将大量分散、异构的 IT 资源和应用统一管理起来,组成一个大的虚拟资源池,通过网络以服务形式按需提供给用户。云计算技术保障了智能交通系统中海量信息的存储与智能计算。

3.智能科学技术

智能科学的研究对象是智能的本质和实现方法,智能科学包括脑科学、认知科学、人工智能等学科。将上述学科进行有机融合,实现仿真技术,同时进一步研究智能的新概念、新理论、新方法,最终达到应用的目的。

智能科学为智能交通提供智慧的技术基础,支持对智能交通中海量信息的智能识别、融合、运算、监控和处理等功能。

4.建模仿真技术

仿真技术也是融合了多种学科的技术,主要是在控制论、系统论、相似原理和信息技术的基础上,利用计算机系统和物理效应设备及仿真器等,确立研究目标,建立相应的模型,从而实现研究对象的动态试验、运行、分析、评估认识与改造。

7.4.3　智能交通系统技术实现

1.智能交通系统总体架构

物联网感知层的功能是,利用 M2M 终端设备收集各类基础信息,具体包括不同交通环节的视频、图片和数据等,将这些设备以无线传感网络的方式连接为一个整体。物联网网络层的功能是,将上述收集到的信息借助移动通信网络传输给数据中心,再经由数据中心转化为具有价值的信息。物联网应用层的功能是,将上述信息以多种方式发送给使用者,以便于后续的决策、服务的提供和其他业务的开展。因此智能交通系统按照上述三层划分,整体架构如图 7-10 所示。

图 7-10　智能交通系统总体架构

2.智能交通应用系统架构

依靠不同的应用子系统完成不同职能部门的专有交通任务:信息服务中心主要是为了进行前期调测、运维管理和远程服务,通过数据交换平台能够实现数据共享,利用咨询管理模块来发布信息、进行业务管理;指挥控制中心是在 GIS 平台的基础上,构建不同的部件平台(交通设施)和事件平台(交通信息),通过对各应用子系统的管理,以实现集中管理为目的,具有数据分析、数据挖掘、报表生成、信息发布和集中管理等功能。应用系统详细架构图如图7-11 所示。

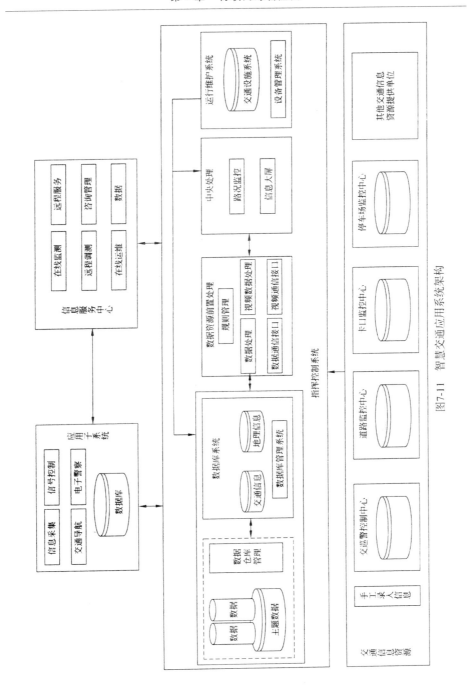

图7-11　智慧交通应用系统架构

7.5 物联网在农业中的应用

我国是一个农业大国,地域辽阔,物产丰富,气候复杂多变,自然灾害频发,解决"三农"问题是我国政府比较关注的问题。随着科学技术的进步,智能农业、精准农业的发展,物联网技术在农业中的应用逐步成为研究的热点。

7.5.1 智能农业的概述

智能农业也称作智慧农业,将现代信息技术、计算机与网络技术、物联网技术、音视频技术、3S 技术、无线通信技术及专家智慧与知识有机地结合起来,进行农业可视化远程诊断、远程控制、问题预警等。其发展目标为,有效地利用各类农业资源,减少农业能耗,减少对生态环境的破坏以及优化农业系统。智慧农业具备的功能主要有以下几类,如图 7-12 所示。智慧农业是推动城乡发展一体化的战略引擎。

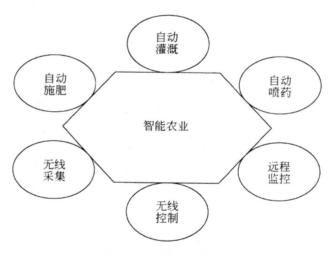

图 7-12 智能农业示意图

7.5.2 智能农业系统技术实现

1. 智能农业系统架构

智能农业系统的总体架构分为传感信息采集、视频监控、智能分析和远程控制 4 部分,如图 7-13 所示。

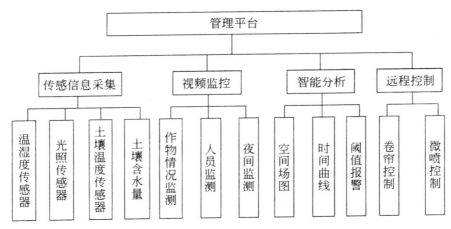

图 7-13　智能农业系统总体架构

2.智能农业的关键技术

(1)信息感知技术

农业信息感知技术是进行智能农业的前提,相当于智能农业系统的神经末梢,是该系统需求量最大、最基础的关键步骤,具体包括农业传感器技术、RFID 技术、GPS 技术以及 RS 技术。

农业传感器技术是进行智能农业的基础,也是十分关键的技术。利用农业传感器技术来采集不同的农业要素信息,具体包括种植业中的光、温、水、肥、气等参数;畜禽养殖业中的有害气体含量,空气中尘埃、飞沫及气溶胶浓度,温、湿度等环境指标参数;水产养殖业中的溶解氧、酸碱度、氨氮、电导率和浊度等参数。

RFID 技术,也称电子标签。该技术通过射频信号来自动识别目标对象从而获取相关数据,是一种非接触式的自动识别技术。

利用 GPS 技术能够描述和跟踪农田的水分、肥力、杂草和病虫害、作物苗情及产量等,使农业机械将肥料送到指定位置,将农药喷洒到指定位置。

智能农业中 RS 技术的实现,是通过使用高分辨率传感器,收集地面空间分布的地物光谱反射或辐射信息,对作物进行全面监测。

(2)信息传输技术

在智能农业中,应用最广泛的信息传输技术为无线传感网络。该技术依靠无线通信技术构成了自组织多跳的网络系统,在监测范围内安装大量的传感器节点,从而感知、采集和处理监测范围内对象的信息,并传输给观察者。

（3）信息处理技术

智能农业中涉及的信息处理技术，主要包括云计算、GIS、专家系统和决策支持系统等信息技术。

3. 智能农业系统组成

智能农业系统由数据采集系统、视频采集系统、无线传输系统、控制系统和数据处理系统组成，如图 7-14 所示。

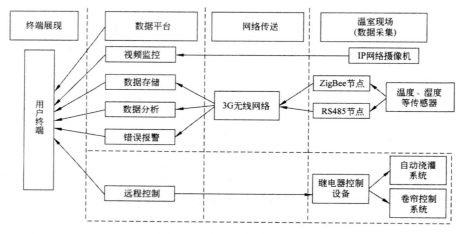

图 7-14　智能农业系统组成

（1）数据采集系统

该系统主要负责温室内部光照、温度、湿度和土壤含水量以及视频等数据的采集和控制。温度包括空气温度、浅层土壤温度和深层土壤温度；湿度包括空气湿度、浅层土壤含水量和深层土壤含水量。数据传输方式可采用 ZigBee 或者 RS485 两种模式，根据传输模式不同，温室的现场部署可采用无线和有线两种，无线方式采用 ZigBee 发送模块将传感器的数值传送到 ZigBee 节点上；有线方式采用电缆将数据传送到 RS485 节点上。

（2）视频采集系统

该系统中安装了高精度网络摄像机和全球眼，对系统的清晰度和稳定性等有明确的要求，均应符合国内相关标准。

（3）控制系统

该系统包括控制设备和相应的继电器控制电路，利用继电器实现对生产设备（喷淋、滴灌等喷水系统和卷帘、风机等空气调节系统等）的调控。

（4）无线传输系统

利用该系统将收集的数据通过网络传输给服务器，采用的传输协议为 IPv4 或 IPv6 网络协议。

（5）数据处理系统

利用该系统将收集的数据进行处理和存储，便于用户进行分析、决策。用户能够在计算机、手机等终端查询相关数据。

4. 智能农业系统网络拓扑

智能农业系统在远程通信采用 3G 无线网络，近距离传输采取 ZigBee 模式和有线 RS485 相结合，保证网络系统的稳定运行，如图 7-15 所示。

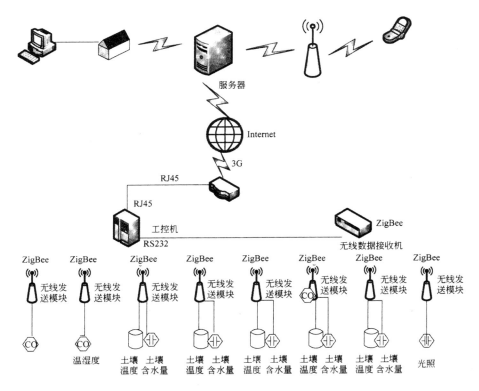

图 7-15　智能农业系统网络拓扑

7.5.3 智能农业系统主要功能

1.数据采集

温室内温度、湿度、光照度、土壤含水量等数据通过有线或无线网络传递给数据处理系统。如果传感器上报的参数超标,则系统出现阈值告警,并可以自动控制相关设备进行智能调节。

2.视频监控

用户随时可以用计算机或手机等终端查看温室内的实际影像,对农作物生长进程进行远程监控。

3.数据存储

系统可对历史数据进行存储,形成知识库,以备随时进行处理和查询。

4.数据分析

系统将采集到的数值通过直观的形式向用户展示时间分布图,提供按日、按月等历史报表。

5.远程控制

用户在任何时间、任何地点通过任意能上网的终端,均可对温室内各种设备进行远程控制。

6.错误报警

系统允许用户制定自定义的数据范围,超出范围的错误情况会在系统中进行标注,以达到报警的目的。

7.手机监控

手机可以像计算机终端一样,实时查看各种传感器的数据,并调节室内喷淋、卷帘、风机等设备。

7.6 物联网在环保中的应用

随着人类社会的不断发展,环境问题已经成为阻碍社会进步的重要问题。环境保护是摆在人类面前的紧迫课题。

7.6.1 环境治理的现状

环境监测是伴随着环境污染而发展起来的,西方发达国家相继建立了自动连续监测系统,借助 GIS 技术、GPS 技术、水下机器人等,对大气、水体的污染状况进行长期监测,预测环境质量的发展趋势,保证环境监测的实时性、连续性、完整性。我国环境监测的发展状况落后于国际先进水平,主要体现在以下方面:

(1)使用的自动监测系统和精密仪器多数需要进口,部分精密仪器需要较为严格的工作环境,需要安装在实验室中,不能应用于其他环境下。亟须研发出操作简单、测定迅速、价格低廉、便于携带、能满足一定灵敏度和准确度要求的监测方法和仪器,以便于应用于生产现场、野外、边远地区,推动环境监测的进一步发展。

(2)目前使用的环境监测系统大多需要有线或有线加调制解调器或光纤等进行信息传输,这就对一些环境监控系统造成了一定的困难,例如野外、企业排污点等无值守的环境,并不适合建立有线网络。这就需要改变传输方式,便于更多监测环境使用,可以借助 GSM/GPRS 网络,进行无线传输,进而实现环境监测的无线化、智能化、微型化、集成化、智能化、网络化。

7.6.2　环境治理与物联网的融合

当今的环境治理无处不体现物联网技术,环境治理系统中大多使用了无线传感器技术、无线通信技术、数据处理技术、自动控制技术等物联网关键技术,通过水、路、空对水域环境实施伞面的监测。基于物联网分层架构的水域环境监测系统,如表 7-1 所示。

表 7-1　环境监测的软硬件构成与分层

物联网分层	主要技术	硬件平台	软　件
应用层	云计算技术、数据库管理技术	PC 和各种嵌入式终端	操作系统、数据库系统、中间件平台、云计算平台
传输层	无线传感器网络技术、节点组网及 ZigBee 技术	ZigBee 网络,有线通信网络、无线通信基站等	无线自组网系统
感知层	传感器技术	各种传感器	

7.6.3　水域环境的治理实施方案

建立一套完整的水环境信息系统、水环境综合管理系统平台是解决目前水环境状况的有效途径之一,通过积极试点并逐步推广,实现湖泊流域水环境综合管理信息化,并以此为载体,推动流域管理的理念与机制转变。

以我国太湖为例,湖区面积为 $2338km^2$,是中国近海区域最大的湖泊,因为湖泊流域人口稠密、经济发达、工业密集、污染比较严重,水质平均浓度均为劣 V 类,富营养化明显,磷、氮营养严重过剩,局部汞化物和化学需氧量超标,蓝藻暴发频繁,国内还有很多湖泊都受到类似的污染,需要对其监控。

湖泊治理的总体思路是先分析水环境存在的问题,问题包括水动力条件差、水环境恶劣、水生态严重受损、富营养化程度高和蓝藻频发等。在此基础上解决方案包括环境监测系统、数据传输系统、环境监测预警和专家决策系统,最终的目标是改善湖泊水质、提高水环境等级、为湖周经济建设与社会的协调发展、为高原重污染湖泊水环境和水生态综合治理提供技术支撑。

7.7　物联网在其他领域的应用

7.7.1　智慧城市

以物联网、云计算等新一代技术为核心的智慧城市建设理念,成为一种未来城市发展的全新模式。智慧城市是人类社会发展的必然产物,城市智慧城市建设从技术和管理层面也是可行的。

智慧城市的架构通常被划分为 3 个层次,如图 7-16 所示。

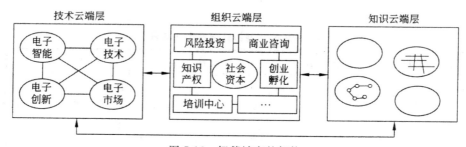

图 7-16　智慧城市的架构

最底层是智慧城市的基础架构层,又称为知识云端层。这一层主要凝聚了有创造力的知识界,如科学家、艺术家、企业家等。这些人在不同的领域中从事知识密集型的工作,为城市发展提供知识服务。

中间层是组织云端层。这一层次的组织主要将知识云端层提供的知识进行整合和商业化以实现创新。这一层主要包括风险投资商、知识产权保护组织、创业与创新孵化组织、技术转移中心、咨询公司和融资机构等。这些组织通过他们的社会资本和金融资本,为知识云端层的智力资本提供财务和其他方面的支持,图 7-17 较好地表示了组织云端层的区域创新系统的作用机理,即产品创新与创业孵化机理区域创新系统中的研发中心、政府部门、咨询公司和技术生产者等为新创公司提供技术和市场等方面的支持,以实现孵化产品创新和创业孵化。由此亦可见,创新城市是智慧城市的一个主要组成部分。

最顶层是技术云端层。这一层主要是依靠知识云端层的智力资本和组织云端层的社会资本开发出来的数字技术与环境。这一数字技术和环境是供给和满足智慧城市智慧运营的技术内核。这三个层次有机连接,成为一个"智慧链",为智慧城市的可持续发展提供不竭的动力。

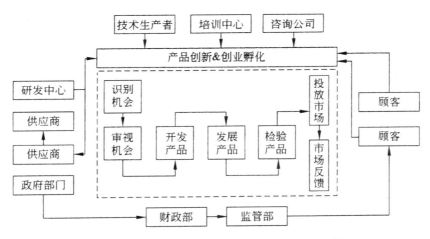

图 7-17 组织云端层的区域创新系统的知识网络

7.7.2 智能医疗

智能医疗是物联网技术与医院、医疗管理"融合"的产物。图 7-18 展示的就是令我们向往的智能化医疗保健生活,这样的生活应该就在不远的将来,当然实现这样的生活还要经过我们不断的努力。

1. 智能医疗监护

智能医疗监护通过先进的感知设备采集体温、血压、脉搏、心电图等多种生理指标,通过智能分析对被监护者的健康状况进行实时监控。

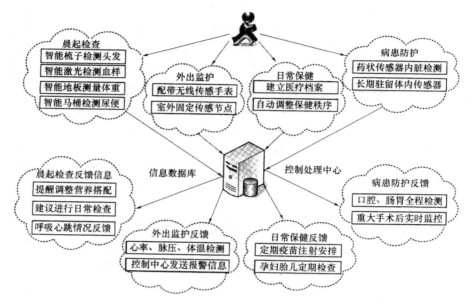

图 7-18 物联网技术创造的智能医疗保健生活

（1）移动生命体征监测

移动智能化医疗服务指的是以无线局域网技术和 RFID 技术为基础，采用智能型手持数据终端为移动中的一线医护人员提供随身数据应用。

移动智能化医疗服务信息系统建设的目的在于提高医院的运营效率，降低医疗错误及医疗事故的发生率，从而全面提高医院的社会效益以及竞争力。建设移动临床信息系统不仅是医院信息化发展的必然趋势，也是医院以人为本医疗模式的基本保证。

目前，一些先进的医院在移动信息化的应用方面取得了重要进展。比如，可以实现病历信息、患者信息、病情信息等实时记录、传输与处理利用，使在医院内部和医院之间通过联网可以实时有效地共享相关信息，这对实现远程医疗、专家会诊、医院转诊等过程的信息化流程可以起到很好的支撑作用。医疗移动信息化技术的发展，为医院管理、医生诊断、护士护理、患者就诊等工作创造了便利条件。

（2）医疗设备及人员的实时定位。

医院外来人员复杂，员工人数众多，对员工定位也很重要。利用 RFID 技术对员工进行身份识别和定位，结合通道权限，可以增强医院安全性。防止保安、护理等临时用工人员在医院的随意出入带来的安全隐患。有效做好重要物质、重要样品的防范工作。

2.远程医疗

远程医疗通过计算机、通信、多媒体等技术同医疗技术的结合,来交换相隔两地的患者的医疗临床资料及专家的意见,在医学专家和病人之间建立起全新的联系,使病人在原地、原医院即可接受远地专家的会诊并在其指导下进行治疗和护理。

远程医疗的优点:

①可以极大地降低运送病人的时间和成本。

②可以很好地管理和分配偏远地区的紧急医疗服务,使偏远地区的突发危重病也可以得到及时救治。

③可以使医生突破地理范围的限制,共享病例,有利于临床研究的发展。

④可以为偏远地区的医务人员提供更好的医学教育。

远程医疗的扩大应用可以极大地减少病人接受医疗的障碍,最大限度实现医疗资源特别是优秀专家诊断的共享,使地理上的隔绝不再是医疗救治中不可克服的障碍。

3.医疗用品智能管理

(1)药品管理

RFID 标签依附在产品上的身份标识具有唯一性,难以复制,可以起到查询信息和防伪打假的作用。药品从研发、生产、流通到使用整个过程中,RFID 标签都可进行全方位的监控。

当药品流经运输商和经销商时,在运输和验货过程中通过对药品信息查询与更新,可以查看药品在整个流通中流经的企业及生产、存储环节的信息,以辨识药品的真伪及在生产、运输过程中是否符合要求、流通环境对药品有无影响等,从而对经销的药品进行把关。

(2)设备管理

医疗设备往往都很精密贵重,同时在使用中又有很大的移动性,容易被偷盗,造成损失。将 RFID 技术应用在医疗设备上,在相应的楼层、电梯和门禁上安装 RFID 读/写装置、一旦器械和设备的 RFID 标签与读/写装置中的设定不符,系统马上报警或将电梯、门禁锁死,这样可以有效防止贵重器件毁损或被盗。

如图 7-19 所示,为 RFID 应用于医疗设备和药品的管理。

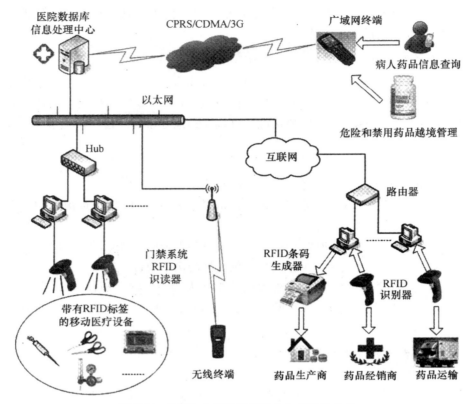

图 7-19　RFID 应用于医疗设备与药品的管理

（3）医疗垃圾处理

随着信息系统的普及化与信息化水平的提高，医院和专业废物处理公司的信息处理能力已大幅提高，推广医疗垃圾的电子标签化管理、电子联单、电子监控和在线监测等信息管理技术，实现传统人工处理向现代智能管理的过渡已具备良好的技术基础。采用 RFID 技术对整个医疗垃圾的回收、运送、处理过程进行全程监管，包括采用 RFID 电子秤称量医疗垃圾、基于 RFID 技术的实时定位系统监控垃圾运送车的行程路线和状态，实现从收集储存、密闭运输、集中焚烧处理到固化填埋焚烧残余物四个过程的全程监控。以 GPS 技术结合 GPRS 技术实现可视化医疗废物运输管理和实时定位为基础的高速、高效的信息网络平台和 EDI 等为骨干技术的医疗垃圾 RFID 监控系统，将为环保部门实现医疗垃圾处理过程的全程监管提供基础信息支持和保障，从而有效控制医疗垃圾再次进入流通使用环节。

7.7.3 物联网在教育中的应用

1.利用物联网构建智能化教学环境

教学环境直接影响教学成果。通过物联网,不但使得现实世界的物品互为连通,而且实现了现实世界(物理空间)与虚拟世界(数字化信息空间)的互联,能够有效地支持人机交互、人与物之间的交互、人与人之间的社会性交互。物联网的引入使得物理教学环境的每个物品都具有数字化、网络化、智能化特性,可以与虚拟学习环境进行无缝整合,可以即时地捕捉、分析师生的教与学的需求信息,并进行相应的调整,为师生提供智能化的教学环境与教学资源。学生可以在教室内利用计算设备读取本地或调用异地嵌入了传感器的物体的数据用于当前的学习。

2.利用物联网丰富实验教学

实验教学是培养学生动手能力和创新思维能力的重要教学手段,但传统的实验教学有其局限性,例如,因为存在安全性问题或者缺乏实验器材,许多实验无法让学生亲自动手做。物联网的介入可以为实验教学提供一个安全的、共享的、智能化的实验教学环境,例如,每一种实验器材都有数字化属性与使用帮助信息,当实验器材使用不当时会自动启动报警系统;实验者可以远程控制异地纳入物联网的实验器材;实验过程数据可以被实时采集并以适当的方式提供给实验者,实现实验教学的数字化、网络化与智能化。

3.利用物联网支持教学管理

物联网可以用于学校考勤管理、学校图书管理、教学仪器设备管理、学校教育安全管理。例如,中国台湾利用物联网的核心技术 RFID 技术支持学校安全管理,主要包括 8 个服务领域:上下学及在校行踪通知服务;学生保健服务;校外教学管理;危险区域管理服务;校园访客管理系统;教育设备管理服务;学校大型会议人员管理服务;运动设施使用人员管理服务。

4.利用物联网拓展课外教学活动

通过实地参观、观摩、实践,学生可以获得直观的体验与真实的感受。课外教学活动一直以来是激发学生学习兴趣、拓展学生知识空间与视野、培养学生科学探究能力的重要手段。物联网可以拓展课外教学活动。例如,我国香港、台湾、北京、广州等地区开展了基于物联网的"数字化微型气象站"在科学教育中的应用实践,将先进的测量技术、传感技术与现代教学理念相结合,支持学生的正式学习、户外学习、区域合作学习。

参考文献

[1]陈驰,于晶,等.云计算安全体系[M].北京:科学出版社,2014.

[2]张明,张绛丽,等.物联网信息安全[M].西安:西安电子科技大学出版社,2016.

[3]吴成东,徐久强,张云洲.物联网技术与应用[M].北京:科学出版社,2012.

[4]徐勇军,刘禹,王峰.物联网关键技术[M].北京:电子工业出版社,2012.

[5]杨震.物联网的技术体系[M].北京:北京邮电大学出版社,2013.

[6]李建功,王健全,王晶,等.物联网关键技术与应用[M].北京:机械工业出版社,2012.

[7]赵刚.大数据技术与应用实践指南[M].北京:电子工业出版社,2016.

[8]石志国,王志良,丁大伟.物联网技术与应用[M].北京:清华大学出版社,2012.

[9]张鸿涛,徐连明,张一文,等.物联网关键技术与系统应用[M].北京:机械工业出版社,2011.

[10]吴盘龙.智能传感器技术[M].北京:中国电力出版社,2015.

[11]廖建尚.物联网开发与应用[M].北京:电子工业出版社,2017.

[12]许小刚,王仲晏.物联网商业设计与案例[M].北京:人民邮电出版社,2017.

[13]董耀华.物联网技术与应用[M].上海:上海科学技术出版社,2011.

[14]尼特什·汉加尼(美).物联网设备安全[M].北京:机械工业出版社,2017.

[15]张春红,裴晓峰,夏海轮,等.物联网关键技术及应用[M].北京:人民邮电出版社,2017.

[16]鄂旭.物联网关键技术及应用[M].北京:清华大学出版社,2013.

[17]丁飞.物联网开放平台[M].北京:电子工业出版社,2018.

[18]王鹏,李俊杰,谢志明,等.云计算和大数据技术[M].北京:人民邮电出版社,2016.

[19]曾剑平.互联网大数据处理技术与应用[M].北京:清华大学出版社,2017.

［20］陶皖.云计算与大数据［M］.西安:西安电子科技大学出版社,2014.

［21］陆平,赵培,王志坤,等.云计算基础架构及关键应用［M］.北京:机械工业出版社,2016.

［22］武志学.云计算导论:概念架构与应用［M］.北京:人民邮电出版社,2016.

［23］许守东.云计算技术应用与实践［M］.北京:中国铁道出版社,2013.

［24］季文文.物联网的关键技术及计算机物联网的应用［J］.中国战略新兴产业,2018(24).

［25］赖慕尧.广电物联网智能家居网关的关键技术研究［J］.无线互联科技,2018,15(18):167－168.

［26］王思博,夏磊.面向智慧城市的物联网应用新进展和新模式分析［J］.电信技术,2018(09):71－74.

［27］曹加南.物联网的技术思想与应用策略思考［J］.中国新通信,2018,20(18):106.

［28］张冠宇,张世义,彭红波.感知矿山物联网与矿山综合自动化的分析［J］.世界有色金属,2018(13):17－18.

［29］陈可睿.物联网的关键技术研究及其应用［J］电子世界,2018(16):16－18.

［30］马超.NB-IoT 关键技术及应用前景［J］.中国新通信,2018,20(12):87.

［31］郑彩金.基于物联网的铁路物流园区作业组织优化研究［D］.北京交通大学,2018.

［32］皇甫王欢.基于物联网的油井动液面检测系统应用研究［D］.西安石油大学,2018.

［33］白光洲.物联网生态价值体系及应用推广研究［D］.北京邮电大学,2018.

［34］韩旭.“互联网＋”农业组织模式及运行机制研究［D］.中国农业大学,2017.

［35］马亚楠.物联网安全监测系统的设计优化与关键技术的研究与应用［D］.华北科技学院,2017.

［36］莫文中.浅析物联网关键技术与应用［J］.通讯世界,2017(07):106.

［37］郝行军.物联网大数据存储与管理技术研究［D］.中国科学技术大学,2017.

［38］刘艺.基于农业生产过程的农业物联网数据处理若干关键技术的研究［D］.北京邮电大学,2014.

［39］完博闻.基于物联网技术应用的 XWE 仓库管理信息系统设计［D］.西安工业大学,2018.

［40］韩玺臣,翟俊伟.物联网在智能交通中的应用［J］.信息记录材料,2018,19(06)：41－42.

［41］戴宪彪.物联网技术在油库安全管理中的应用［J］.石化技术,2018,25(06)：189.

［42］黄明亮.物联网开放平台的研究与设计［D］.中国海洋大学,2013.

［43］陈刚.试论物联网关键技术与应用［J］.信息通息,2017(11):244－245＋258.

［44］洪秋进.大数据背景下办公自动化系统的设计与实现［J］.计算机产品与流通,2017(11):140.

［45］潘峰.关于云计算数据中心大数据安全技术分析［J］.海峡科技与产业,2017(10):69－70.

［46］田铁刚.大数据的特点及未来发展趋势研究［J］.无线互联科技,2018,15(09)：61－62.

［47］邱超,王威.基于云计算架构的水文大数据云平台建设［J］.人民长江,2018,49(05):31－35.

［48］李佳航.大数据时代云计算技术对媒介发展影响研究［J］.科技传播,2017,9(24):133－135.

［49］王晓海.天基物联网技术发展与应用研究［J］.卫星与网络,2017(08):64－69.

［50］马华承.浅谈物联网关键技术与我国物联网的发展前景［J］.中国新通信,2017,19(13):55.

责任编辑：宋俊娥

封面设计：崔　蕾

物联网关键技术

及其应用研究

微信号：Waterpub-Pro

唯一官方微信服务平台

销售分类：物流工程/物联网技术研究

ISBN 978-7-5170-7338-3

9 787517 073383 >

定价：65.00元